园林绿化工程
施工与养护管理

史作岩 根兄 王倩 ◎著

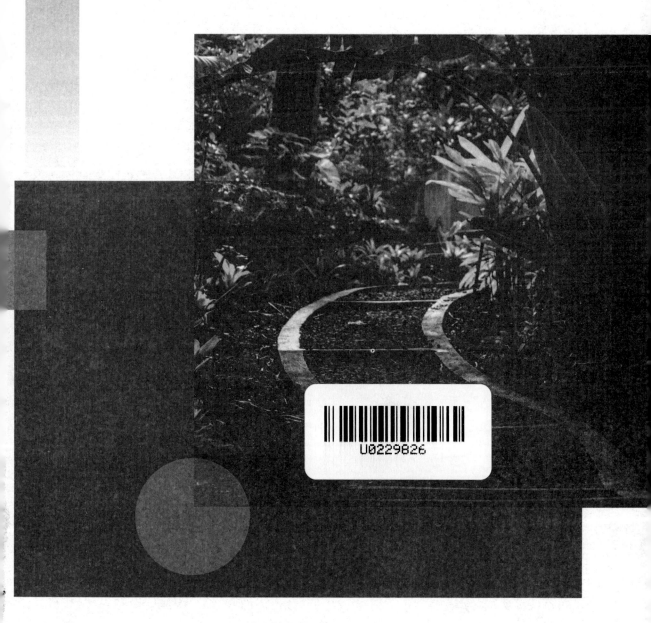

中国出版集团

中译出版社

图书在版编目（CIP）数据

园林绿化工程施工与养护管理 / 史作岩，根兄，王
倩著. — 北京：中译出版社，2024.1
ISBN 978-7-5001-7727-2

Ⅰ. ①园… Ⅱ. ①史… ②根… ③王… Ⅲ. ①园林—
绿化—工程施工②园林—绿化种植—保养 Ⅳ.
①TU986.3②S731

中国国家版本馆CIP数据核字(2024)第034225号

园林绿化工程施工与养护管理
YUANLIN LÜHUA GONGCHENG SHIGONG YU YANGHU GUANLI

著　　者：史作岩　根　兄　王　倩
策划编辑：于　宇
责任编辑：于　宇
文字编辑：薛　宇
营销编辑：马　萱　钟筱童
出版发行：中译出版社
地　　址：北京市西城区新街口外大街28号102号楼4层
电　　话：（010）68002494（编辑部）
由　　编：100088
电子邮箱：book@ctph.com.cn
网　　址：http://www.ctph.com.cn

印　　刷：北京四海锦诚印刷技术有限公司
经　　销：新华书店
规　　格：787 mm×1092 mm　1/16
印　　张：, 11.5
字　　数：220千字
版　　次：2024年1月第1版
印　　次：2024年1月第1次印刷

ISBN 978-7-5001-7727-2　　　　定价：68.00元

前　言

近年来，随着社会的进步和人们生活水平的提高，人类对生存环境的质量要求越来越高，园林作为生态环境建设的重要组成部分和提高人类生存环境质量的重要手段，越来越受到环境决策者和建设者的重视。特别是在城市，生态园林建设已成为解决社会快速发展所带来的环境问题的主要方式之一。

本书是园林绿化研究方面的书籍，主要研究园林绿化工程施工与养护管理。本书从园林绿化的基本概述、园林植物栽培与养护的理论入手，针对园林绿化组成要素的规划设计、园林水景工程施工、园林绿化工程施工进行了分析研究；另外，对园林绿化工程的养护管理进行了综合探讨。本书内容通俗易懂，实用性和操作性强，对风景园林绿化施工与管养工作具有很好的指导意义，可为实际工作经验不足的从业者提供较为翔实的工作指引，也可为年轻风景园林人提供具有实际指导意义的帮助。本书可作为基层行业行政主管部门、园林绿化养护施工管理单位的日常工作参考书，也可作为风景园林专业新手和学生入行的业务指导书。

本书在编著过程中，参考了相关专家的大量文献资料，由于种种原因未在参考文献中一一列明，敬请谅解，在此谨向有关专家、单位深表感谢！由于编者水平所限，书中难免存在不妥及疏漏之处，敬请读者批评指正。

目　录

第六章 园林绿化工程的养护管理

参考文献

第一章　园林绿化的基本概述

第一节　园林的构成要素和发展

一、园林的构成要素

（一）地形

地形是地貌的近义词，意思是地球表面三度空间的起伏变化。简而言之，地形就是地表的外观。从自然风景的范围来看，地形主要包括山谷、高山、丘陵、草原及平原等复杂多样的类型，这些地表类型一般称为"大地形"。从园林的范围来讲，地形主要包含土丘、台地、斜坡、平地或因台阶和坡道引起的水平面变化的地形，这类地形统称为"小地形"。起伏最小的地形称为"微地形"，它包括沙丘上的微弱起伏或波纹，或是道路上的石头和石块的不同质地变化。总之，地形是指外部环境的地表因素。

在园林景观中，地形有很重要的意义，因为地形直接联系着众多的环境因素和环境外貌。此外，地形也能影响某一区域的美学特征，影响空间的构成和空间感受，同时影响景观、排水、小气候、土地的使用，以及特定园址中的功能作用。地形还对景观中其他自然设计要素如植物、铺地材料、水体和建筑等的作用和重要性起支配作用。所以，园林所有的构成要素和景观中的其他因素在某种程度上都依赖地形，并与地面接触和联系。因此，景观环境的地形变化，就意味着该地区的空间轮廓、外部形态及其他处于该区域中的自然要素的功能的变化。地面的形状、坡度和方位都会与其相关的一切因素产生影响。

1.地形的类型

对于园林的地形状态，由于涉及人们的观赏、游憩与活动，一般较为理想的比例是：陆地占全园的2/3 ~ 3/4，其中平地占陆地的1/2 ~ 2/3，丘陵地和山地占陆地的1/3 ~ 1/2。

园林中的陆地类型可分为平地、坡地、山地三类。

（1）平地

平地是指坡度比较平缓的地面，通常占陆地的1/2，坡度小于5%，适宜作为广场、草地、建筑等方面的用地，便于开展各类活动，有利于人流集散，方便游客游览休息，形成开朗的园林景观。平地在视觉上较为空旷、开阔，感觉平稳、安定，可以有微小的坡度或轻微的起伏。景观具有较强的视觉连续性，容易与水平造景协调一致，与竖向造型对比鲜明，使景物更加突出。

（2）坡地

坡地是倾斜的地面部分，可分为缓坡（坡度为8%～10%）、中坡（坡度为10%～20%）、陡坡（20%～40%）。一般占陆地的1/3，坡度小于40%。坡地一般用作种植观赏，提供界面视线和视点，塑造多级平台、围合空间等。在园林绿地中，坡地常见的表现形式有土丘、丘陵、山峦和小山。

（3）山地

山地包括自然山地和人工的堆山叠石。一般占陆地的1/3，可以构成自然山水园的主景，起到组织空间，丰富园林观赏内容，改善小气候，点缀、装饰园林景色的作用。在造景艺术上，常作为主景、背景、障景、隔景等手法使用。山地分为土山、石山、土石山等。从地形在竖向上的起伏、塑造等景观表现可分为凸地形和凹地形两种：凸地形视线开阔，具有延伸性，空间呈发散状。地形高处的景物通常突出、明显，又可组织成为造景之地，当高处的景物达到一定体量时还能产生一种控制感。凹地形具有内向性，给人封闭感和隐秘不公开感，空间的制约程度取决于周围坡度的陡峭程度、高度以及空间的宽度。

2.地形的功能与作用

（1）改变立面形象

山水园林在平地上应力求变化，通过适度的填挖形成微地形的高低起伏，使空间富于立体化而产生情趣，从而达到引起观赏者注意的目的。利用地形打造阶梯、台地也能起到同样的作用，并通过植物配合加以利用，如跌落景墙、高低错落的花台等，尤其在入口，地形高差的变化有助于界限感的产生。

（2）合理利用光线

正光下的景物缺乏变化且平淡，早晨的侧光会产生明显的立体感。海边光线柔和，使景物软化，有迷茫的佛国意境；内陆的角度光线会使远物清晰易辨，富于雕塑感；光线由下向上照射，具戏剧效果，清晨、傍晚及夜晚中的建筑、雕塑、广场等重点地段借此吸引人流。留出光线廊道或有意塑造山坡山亭，造成霞光、晨光等逆光效果或假山、空洞的光孔利用，都将使得人们体会到不同寻常的园林艺术感受。

（3）创造心理气氛与美学功能

古代的人们居于山洞，捕捉走兽飞禽，采果伐木，都离不开依山傍水的环境。山承担着阳光雨露，风暴雷霆，供草木鸟兽生长，使人以之为生而不私有。因此，历代人士对山有很高的评价，有"仁者乐山"之说，仁者喜欢山，表明他们注重稳定、注重传统价值，具有厚重性和坚定性，充满了对山的崇拜。尽管后世对山由崇拜转为了欣赏，它带给人们的雄浑气势和质朴清秀仍一直是造园家所追求的目标。在城市里，从古代庭院内的假山到现代公园里常用的挖湖堆山，无不表明地形上的变化历来都对自然气氛的创造起着举足轻重的作用。因此，在园林设计中，提倡追求自然，打破那种过于规整呆板的感觉。重点地方强调高下对比，尽量做好对微地形的处理。地形的起伏不仅丰富了园林景观，而且还创造了不同的视线条件，形成了不同的性格空间。

（4）改善游人感观

在大多数公园和花园里，草坪所代表的平地绿化空间所占面积最多，时刻对园林气氛产生着影响。当然，我们也不能过分追求坡度变化，除了考虑工程的经济，一般1%的坡度已能够使人感觉到地面的倾斜，同时也可以满足排水的要求。如坡度达到2%～3%，会给人以较为明显的印象。微地形处理中通常4%～7%的坡度最为常见。南昌人民公园中部的松树草坪就是在高起的四周种植松树造成幽深的感觉。坡度为8%～12%时称为缓坡。陡坡的坡度大于12%，它一般是山体即将出现的前兆。坡地虽给人们活动带来一些不便，但若加以改造利用，通常使地形富于变化。这种变化可以造成运动节奏的改变，如影响行人和车辆运行的方向、速度与节奏。人在起伏的坡地上高起的任何一端都能更方便地观赏坡底和对坡的景物。坡底因是两坡之间视线最为集中的地方，可以布置一些活动者希望引起注目的内容，如滑冰、健身操、儿童游戏场地，易于家长看护。

（5）分隔空间

有效自然的划分空间，使之形成不同功能或景色特点的区域，获得空间大小对比的艺术效果，利用许多不同的方式创造和限制外部空间。

（6）美学功能

建筑、植物水体等景观通常都以地形作为依托。凸凹地形的坡面可作为景物的背景，通过视距的控制保证景物与地形之间形式具体良好的构图关系。山石和假山是园林要素中的主要部分。在中国的古典园林中，最具特色的苏州园林里就布置了不少的山石。山石的作用不仅是供游客观赏，也可具有一定的功能性。山石的外形设计，不是纯粹的造型设计，也可以适当地赋予一定的人文意义。比如，布置山石的雕塑，校园的设计中融入名人的雕塑或是具有抽象意义的石头雕塑。当然，除了独立的设置外，成群重叠的山石也是园林中的特色之一。

3.地形塑造

地形的塑造是园林建设中最基本的一步，因为它在园林设计中十分重要，我们需注意许多问题，并在设计中反复斟酌。

（1）地形的表现形式

地形的表现形式分为三种：一是地形改造。地形改造应注意对原有地形的利用，改造

3

后的地形条件要满足造景及各种活动和使用的需要，并形成良好的地表自然排水类型，避免过大的地表径流，地形改造应与园林总体布局同时进行。二是地形、排水和坡面稳定应注意考虑地形与排水的关系，地形和排水对坡面稳定性有影响。三是坡度。坡度小于1%时容易积水，地表面不稳定，不太适合安排活动和使用的活动；坡度在1%～5%的地形排水较理想，适合安排绝大多数的活动，特别是需要大面积平坦地活动，不需要改造地形；坡度在5%～10%的地形仅适用于安排用地范围不大的活动；坡度大于10%只能局部小范围加以利用。[①]

（2）地形地貌形式

高起地形：岭，连绵不断的群山；峰，高而尖的山头；峦，浑圆的山头；顶，高而平的山头；阜，起伏小但坡度缓的小山；坨，多指小山丘；埭，堵水的土堤；坂，较缓的土坡；麓，山根低矮部分；岗，山脊；峭壁，山体直立，陡如墙壁；悬崖，山顶悬于山脚之外。

低矮地形：峡，两座高山相夹的中间部分；峪或谷，两山之间的低处；壑，较谷更宽更低的低地；坝，两旁高地围起而很广阔的平缓凹地；坞，四周高中间低形成的小面积洼地。

凹入地形：岫，不通的浅穴；洞，有浅有深，穿通山腹。

（3）堆山法则

在园林造园中，堆山又称"掇山""筑山"。掇山最根本的法则是"因地制宜，有假有真，做假成真"（《园冶》）。

第一，主客分明，遥相呼应。堆山不宜对称，主山不宜居中，平面上要做到缓急相济，给人以不同感受。北坡一般较陡，南坡有背风向阳的小气候，适于大面积展示植物景观和建筑色彩。立面上要有主峰、次峰和配峰的安排。一为主峰，二为次峰，三为配峰，三者切忌一字罗列，不能处在同一条直线上，也不要形成直角或等边三角形关系，要远近高低错落有致，顾盼呼应。

第二，山有"三远"。"《林泉高致》自山下而仰山巅，谓之高远；自山前而窥山后，谓之深远；自近山而望远山，谓之平远。"深远通常被认为是三远之中最难以做到的，它可使山体丰厚幽深，为了达到预想效果而又不至于开挖堆砌太多的土方，常使山交形成幽谷。或在主山前设置小山创造前后层次。

（4）山脊线的设置

山的组合可以很复杂，但要有一气呵成之感，不可使人觉得孤立零碎。山脉即使中断也要尽可能做到"形散而神不散"，脊线要"藕断丝连"，保持内在的联系。

从断面上看山脚宜缓、稳定自然，山坡宜陡、险峻峭立，山顶宜缓、空阔开朗，山坡

① 陈冰晶 . 园林植物景观空间规划与设计：以杭州西湖公园绿地为例 [D] 南京：东南大学，2015.

至山顶应有变化，同时要注意利用有特点的地形地貌。

（5）山的高度掌握

山的高度要根据需求来确定。供人登临的山，要有高大感并利于远眺，应该高于平地树冠线，一般为10～30米。这种高度不至于使人产生"见林不见山"的感觉。当山的高度难以满足这一要求时，要尽可能不在山的欣赏面靠山的山脚处种植高大乔木，并应以低矮灌木为主，以便突出山的体量。同时，在山顶覆以茂密的高大乔木林，根部用小树掩盖，避免山的真实高度一目了然。横向上要注意采用种植矮树于山端等方法掩虚露实，起到强化作用。对仅仅起到分隔空间和障景作用的小土山，一般不被登临，高度在1.5米以上能遮挡视线即可。建筑一般不宜建在山的最高点，会使得山体呆板，建筑也会失去山的陪衬。

4.叠山置石

人工堆叠的山称为叠山，一般包括假山和置石两部分。假山以造景为目的，体量大且集中布置，效仿自然山水，可观可游，较置石复杂。叠山置石是东方园林独特的园艺技艺。

园林中置石，缘于古人出行不便而产生的"一拳代山"的念头，在厅堂院落中立以石峰了却心愿。置石常独立造景或作为配景。它体量小，表现个体美，以观赏为主。

置石可分孤置、散置、群置等形式。孤置主要作为特意的孤赏之用。散置和群置则要"攒三聚五"，相互保持联系。利用山石能与自然融合而又可由人随意安排的特点减少人工气氛。如墙角通常是两个人工面相交的地方，最感呆板，通过抱角镶隅的遮挡不仅可以使墙面生动，也可将山石较难看的两面加以屏蔽。还可以用山石如意踏垛（涩浪）作为建筑台阶，显得更为自然。

（二）水体

从自然山水风景到人工造园，山水始终是景观表现的主要素材。园林中的理水和叠山一样，不是对自然风景的简单模仿，而是对自然风景做抒情写意的艺术再现，经过园林艺术加工而创造出不同的水景观，引发不同情趣的感受。园林中的水体，多为天然水体略加人工改造或掘池而形成的。水是生命之源，是自然要素之一，也是植物的生命所系。水体也是人类赖以生存的重要资源。在园林的设计中，对水和水体的设计也可为园林添上点睛之笔，甚至以水系为园林设计的特色（如颐和园和许多苏州私家园林）。在自然界中，水有泉、池、溪、涧、潭、河、湖、海等形态，水有向低处流的特性，受不同的边界、坡度、力的影响，水可以构成各种不同的形态。水的穿透性使得水可以形成各种形态的边界，水的无色可以使水透出各种不同的颜色，水的光阴变化之丰富可以使水与建筑完美地融合，水发出不同的声响也可称为园林的焦点之一。

在水和水体的设计过程中，除了它本身的形态样式之外，我们应该更加关注它与周围景观或者是人的紧密结合，可以适当地设置他们之间的互动项目。比如在湖中养鱼，可供游人喂食等。应该值得注意的是，水体不仅有利于环境的观赏性，有时也能给环境带来不少负面的影响。比如，过大面积的水体会招引蚊虫，若是城市中的园林，则会给城市居民的生活环境带来一定的干扰。因此，园林的设计当中应该列入环境保护措施。

1.作用

"目中有山，始可作树，意中有水，方许作山。"在规划设计地形景观时，山和水应该同时考虑，山和水相依，彼此更可以表露出各自的特点。这是从园林艺术角度出发最直接的用意所在。

在炎热的夏季里，水分蒸发可使空气湿润凉爽，水面低平可引清风吹到岸上，古人有"夏地树常荫，水边风最凉"之说。水和其他要素配合，可以产生更为丰富的变化。园林中只要有水，就会显示出活泼的生气。宋朝朱熹曾概括道："仁者安于义理而厚重不迁，有似于山，故乐山。""知者达于事理而周流无滞，有似于水，故乐水。"山和水具体形态千变万化，"厚重不迁"（静）和"周流无滞"（动）是各自最基本的特征。因此，"非山之任水，不足以见乎周流，非水之任山，不足以见乎环抱"。可见，山水相依才能令地形变化动静相参、丰富完整。

2.特性

水是最有生命力的环境要素。它总给人们一种能够孕育生命的感觉，事实也是如此。水体是人类赖以生存的资源。它养育生物，滋养植被，降低温度，提高湿度，清洁物体……水具有可塑性、透明性、成像性、发声性。水至柔，水随性，水可静可动。水不像石材那样坚稳质硬，它没有形体，却能变幻出千姿百态。

在园林艺术造园中，做水面，风止时平和如镜，风起时波光粼粼；做流水，细小的涓涓不止，宽阔的波涛汹涌；做瀑布，落差大时气势磅礴，落差小的叠水，一波三折，委婉动人；做喷泉，纷纷跌落的"大珠小珠"演绎着声、光、影的精彩乐章。

3.形态分类

（1）按水体的自然形式

按水体的自然形式，可分为带状水体和块状水体。带状水体：江河等平面上大型水体和溪涧等山间幽闭景观。前者多处在大型风景区中，后者与地形结合紧密，在园林中出现得更为频繁。块状水体：大者如湖海，烟波浩渺，水天相接。园林里面将大湖常以"海"命名，如福海、北海等，以求得"纳千金之汪洋"的艺术效果。小者如池沼，适于山居茅舍，带给人安宁静穆的气氛。在城市里，不可能将天然水系移到园林之中，需要我们对天然水体观察提炼，求得"神似"而非"形似"，以人工水面（如湖面）创造近似于自然水面的效果。

（2）按水体的景观表现形式

按水体的景观表现形式，可分为自然式水体和规则式水体。

自然式水体有天然或模仿天然形状的水体，常见的有天然形成的湖、溪、涧、泉、潭、池、江、海、瀑等，水体在园林中多随地形而变化。规则式的水体则有人工开凿成几何形状的水面，如运河、水渠、方潭、圆池、水井及几何形体的喷泉、叠瀑等。它们常与雕塑、山石、花坛等共同组景。

（3）按水体的使用功能

观赏的水体可以较小，主要是为构景之用。水面有波光倒影又能成为风景的透视线。水中的岛、桥及岸线也能自成景色。水能丰富景色，提高游客兴趣。

开展水上活动的水体，一般要有较大的水面、适当的水深、清洁的水质，水岸及岸边最好有一层沙土，岸坡要和缓。进行水上活动的水体，在园林里除了要符合这些活动的要求外，也要注意观赏的要求，使得活动与观赏能配合起来。

4.驳岸与池体设计

驳岸的种类很多，可由土、草、石、沙、砖、混凝土等材料构成。草坡因有根系保护比土坡容易保持稳定。山石岸宜低不宜高，小水面湖岸宜曲不宜直，常在上部悬挑以水岫，产生幽远的感觉。在石岸较长、人工味较浓的地方，可以种植灌木和藤木以减少暴露在外的面积。自然斜坡和阶梯式驳岸对水位变化有较强的适应性。两岸间的宽窄可以决定水流的速度，可形成湍急的溪流或平静的水面。

池底的设计常被人们忽略，但它与水接触的面积很大，对水的形态和景观效果有着重要作用。当用细腻光滑的材料做底面时，水流会很平静；换用粗糙的材料如卵石，就会引起水流的碰撞，产生波浪和水声；当水底不平时会使水随地形起伏运动形成湍濑；池水深时，水色就会暗淡，水面对景物的反射效果好。因此，人们为了加强反射效果，常将池壁和池底都漆成深蓝色或黑色。如果追求清澈见底的效果，则池水应浅。水池深浅还应由水生植物的不同要求来决定。

5.水景观设计的基本形式

水景观有四种常见的基本设计形式：静水、流水、落水和喷水或喷泉。园林中各种水体有不同的特点，须结合环境布置形成各种水的景观。

（1）静水

静水主要指自然界形成的静态水体（湖、塘）和水流缓慢的水体（江、河），以及各种人工水池。静态的水体能反映出倒影，粼粼的微波、潋滟的水光，给人以明快、清宁、开朗或幽深的感受。

静水一般有一定规模，在环境中常成为景观中心或视觉中心。静水的形状有两种：一种是自然形成的有机形；另一种是人工形成的，多采用几何形。由于静水一般水面较大，水面平稳，很容易形成倒影，因此其位置、大小、形状的设计与它主要倒映的物体关系密切。

池岸的形式直接影响人与水体的关系。静水的池岸设计可分为亲水性和不亲水性。亲水性的池岸分为规则式和不规则式。规则式池岸一般设计成可供游人坐的亲水平台。平台离水面高度，以让人手触摸水为佳。不规则形池岸，可以辅以错落有致的石块、石板，如果水浅，还可以让孩子走入水中嬉戏。岸边石块可以供人就座抚水，拉近人与水的距离，也可以直接让草地、土地自然过渡，多见于旅游区或公园。

不亲水的池岸只用于水位涨幅变化较大的江河类水体。一般在水体边要设防洪堤或防御性堤岸，堤岸上临水设步道，用栏杆围成，可在较好的观景点设观景平台，眺向水面，让人感觉与水更亲近。

（2）流水

流水主要指自然溪流、河水和人工水渠、水道等。流水是一种以动态水流为观赏对象的水景。

关于水渠形状，西方园林多为直线或几何线形，东方园林则偏爱"曲水流觞"的蜿蜒之美。对于供人进入的流水，其水深应在30厘米以下，以防儿童溺水，并应在水底做防滑处理。对于溪底，可选用大卵石、砾石、水洗砾石、瓷砖或石料铺砌，以美化景观，也可在水面种植水生植物，如石菖蒲、玉蝉花等缓解水势。

（3）落水

落水是指各种水平距离较短、用以观赏其由于较大的垂直落差引起效果的水体。常见的有瀑布、水帘、叠水、流水墙等，其中瀑布、叠水最为典型。

瀑布是一种较大型的落水水体，其声响和飞溅具有气势恢宏的效果。瀑布按其跌落方式可分为丝带式、幕布式、阶梯式、滑落式等。其中设主景石，如镜石、分流石、破浪石、承瀑石等。

水帘与瀑布的原理基本相同，但水帘后常设有洞穴，吸引游客探究，置身洞中，似隐似现，奥妙无穷。

叠水是一种高差较小的落水，常取流水的一段，设置几级台阶状落差，以水姿的变幻来造景。叠水的水声没有瀑布大，水势也远不及瀑布，但其潺潺流水声更添幽远之意。

流水墙水势更缓，水沿墙体慢慢流下，柔性的水与坚硬的墙体相衬相映。水往下流，反射出粼粼光点。墙支撑着水，水装点着墙，别有情趣。流水墙特别适合公共室内空间，在夜晚灯光下，尤为迷人。

（4）喷水或喷泉

喷水或喷泉，是一种利用压力把水从低处打至高处再跌落下来形成景观的水体形式，是城市动态水景的重要组成部分，常与声、光效果配合，形式多样。

6.水的造景手法

（1）基底作用

水面在整体空间具有面的感觉时，有衬托岸畔和水中景观的基底作用。

（2）系带作用

系带包括三种作用：一是线型系带作用。水面具有将不同的园林空间、景点连接起来产生整体感的作用。一是面型系带作用。水作为一种关联因素，具有使散落的景点统一起来的作用。三是水有将不同平面形状和大小的水面统一在一个整体之中的能力。

（3）焦点作用

常将水景安排在向心空间的焦点上、轴线的焦点上、空间的醒目处或视线容易集中的地方，使其突出并成为焦点。

（4）整体水环境设计

从整体水环境出发，将形与色、动与静、秩序与自由、限定和引导等水的特性充分发挥；能改善城市小气候，丰富城市街景和提供多种水景类型。

（三）园林建筑

在园林风景中，既有使用功能，又能与环境组成景色，供观赏游览的各类建筑物或构筑物、园林装饰小品等，统称为园林建筑。真正意义上的园林建筑更多的是指亭、廊、桥、门、窗、景墙及其一些有功能用途的小型建筑。

1.园林建筑的作用

（1）满足园林功能要求

园林是改善、美化人们生活环境的设施，也是供人们休息、游览和进行文化娱乐的场所，由于人们在园林中有各种游憩、娱乐活动的需求，则在园林中设置有关的建筑成为重要的一环。随着园林活动的内容日益丰富，园林现代化设施水平的提高及园林类型的增加，势必在园林中出现多种多样的建筑类型，满足与日俱增的各种活动的需求。不仅要有茶室、餐厅，还要有展览馆、演出厅及体育建筑、科技建筑、各种活动中心等，以满足使用功能上的需求。

按使用功能，园林建筑设施可分为四大类：游憩设施——开展科普展览、文体游乐、游览观光；服务设施——餐饮、小卖部、宾馆；公用设施——路标、车场、照明、给排水、厕所；管理设施——门、围墙及其他。

（2）满足景观要求

第一，点景即点缀风景。园林建筑要与自然风景融汇结合，相生成景，建筑常成为园林景致的构图中心或主题。有的隐蔽在花丛、树木之中，成为宜于近观的局部小景；有的则耸立在高山之巅，成为全园主景，以控制全园景物的布局。因此，建筑在园林景观构图中，常具有"画龙点睛"的作用，以优美的园林建筑形象，为园林景观增色生辉。

第二，赏景即观赏风景。以建筑作为观赏园内或园外景物的场所，一幢单体建筑，通常为静观园景画面的一个欣赏点；而一组建筑常与游廊连接，通常成为动观园景全貌的一条观赏线。因此，建筑的朝向、门窗的位置和大小等都要考虑到赏景的要求，如视野范围、视线距离及群体建筑布局中建筑与景物的围透关系等。

第三，园林游览路线虽与园路的布局分不开，但比园路更能吸引游人、具有起承转合作用的通常是园林建筑。当人们视线触及优美的建筑形象时，游览路线就自然地顺视线而延伸，建筑常成为视线引导的主要目标。人们常说"步移景异"就是一种视线引导的表现。

第四，园林设计中空间组合和布局是重要内容，中国园林常以一系列空间变化起、结、开、合的巧妙安排，给人以艺术享受。以建筑构成的各种形状的庭院及游廊、花墙、园洞门等，恰是组织空间、划分空间的最好手段。

2.园林建筑的特点

（1）布局

在园林建筑布局上，要因地制宜。建筑规划选址除考虑功能要求外，要善于利用地形，结合自然环境，与山石、水体和植物互相配合、互相渗透。园林建筑应借助地形、环境上的特点，与自然融为一体，建筑位置与朝向要和周围景物构成巧妙的借对关系。

（2）情景交融

园林建筑应情景结合，抒发情趣，尤其在古典园林建筑中，建筑常与诗、画结合。诗、画对园林意境的描绘加强了建筑的感染力，达到情景交融、触景生情的境界，这是园林建筑的意境所在。

（3）空间处理

在园林建筑空间处理上，尽量避免轴线对称、整形布局，而力求曲折变化、参差错落，空间布局要灵活，忌呆板，追求空间流动，虚实穿插，互相渗透。通过空间的划分，形成大小空间的对比，增加空间层次，扩大空间感。

（4）造型

园林建筑在造型上，更重视美观的要求，建筑体形、轮廓要有表现力，要能增加园林画面的美，建筑体量的大小，建筑体态轻巧或持重，都应与园林景观协调统一。建筑造型要表现园林特色、环境特色及地方特色。一般而言，园林建筑在造型上，体量宜轻巧，形式宜活泼，力求简洁、明快，在室内与室外的交融中，宜通透有度，既便于与自然环境浑然一体，又使功能与景观达到有机统一。

（5）装修

在细部装饰上，应有更精巧的装饰，既要增加建筑本身的美观，又要以装饰物来组织空间、组织画面，要通透，有层次，如常用的挂落、栏杆、漏窗、花格等，都是良好的装饰构件。

二、园林的发展

从城市诞生的农业社会到工业革命前几千年的人类历史中，城市的发展一直是缓慢而平稳的。工业革命后，城市的发展速度大大提高，城市人口激增，城市规模扩张迅猛。人类的社会结构与自然环境之间长期保持着的相对稳定的关系也在工业革命之后被打破，人类开始肆无忌惮地向自然索取，人类活动极大地破坏了自然界的生态平衡。直到近代，人类才重新认识到保护环境、与自然和平共处的重要性。园林设计也随着城市的发展，从过去长期处于为少数人服务的、封闭的、小规模的状态逐步转向为公众服务的、开放的、大规模的状态。

（一）古代园林

无论是《圣经•旧约全书》中的"伊甸园"，还是巴比伦空中花园，均与公众的现实生活无关。但是，这并不能阻止古代城市中普通市民的游憩活动。在古希腊、古罗马的城市中，公众的户外游憩活动通常利用集市、墓园、军事营地等城市空间。

中世纪的欧洲城市多呈封闭型。城市基本上通过城墙、护城河及自然地形与郊野隔离，城内布局十分紧凑密实。城市公共游憩场所除了教堂广场、市场、街道，常转向城墙以外。

（二）近现代园林

欧洲兴起的工业革命带来的前所未有的科学技术和社会经济的发展，使许多城市在短时间内发生了剧变。传统城市的功能开始退化，城郊地区开始发展，随着农村人口迅速向城市集聚，城市的人口和规模也骤然增长。城市人口的激增和城市规模的膨胀，打破了原有城市环境的平衡状态，城市出现了拥挤不堪、空气污染、缺乏绿地等许多问题，城市的卫生、健康、环境严重恶化。针对现代城市出现的种种弊端，英国议会颁布了一系列法案，准许用税收建造城市公园和其他城市基础设施。

英国利物浦市用税收建造了公众可免费使用的伯肯海德公园，标志着第一个城市公园的正式诞生。这一时期，巴黎的豪斯曼计划也已基本成形，该计划在大刀阔斧改建巴黎城区的同时，也开辟出了供市民使用的绿色空间。

19世纪下半叶，欧洲、北美掀起了城市公园规划与建设的高潮，被称为"公园运动"，这是人们所做出的改善城市坏境、解决城市问题的理想和努力之一。专业实践的范畴逐步扩大到包括城市公园和绿地系统、城乡景观道路系统、居住区、校园、地产开发和国家公园的规划设计管理的广阔领域。一系列作为民主和理想象征的、自然风景式风格的城市公园与当时大城市的恶劣环境形成鲜明对比，并以其开放的姿态成为普通人生活的部分。

在"公园运动"时期，各国普遍认同城市公园具有五方面的价值，即保障公众健康、滋养道德精神、体现浪漫主义（社会思潮）、提高劳动者工作效率、促使城市地价增值。

在欧洲大陆，受帕特星克·格迪斯PatrickGeddes,《进化中的城市》一书的影响，芬兰建筑师埃罗沙里宁（Eero Saarinen）的"有机疏散"理论认为，城市只要发展到一定程度，老城周围会生长出独立的新城，老城则会衰落并需要彻底改造。他在大赫尔辛基规划方案中表达了这一思想。这是一种城区联合体，城市一改集中布局而变为既分散又联系的城市有机体。绿带网络提供城区间的隔离，并为城市提供新鲜空气。"有机疏散"理论中的城市与自然的有机结合原则，对以后的城市绿地建设具有深远的影响。

随着社会经济的发展，城市化的进程逐渐加快，人口越来越向城市集聚，城市逐步发展成多功能、多样化的综合性产业结构。从《雅典宪章》开始，功能分区理论逐渐成为城市规划的主导理论。此时，人们期望以功能去理性地观察和研究城市的发展，进而科学地指导和规划城市的发展进程。

园林规划设计同样逐渐为功能主义所影响。瑞典斯德哥尔摩将城市公园作为一个系统，以功能主义为指导，使公园成为城市结构中为市民生活服务的网络，创造了有着广泛社会基础的、为城市功能结构服务的城市景观系统。英国人克星斯拉弗·唐（Christopher Tunnard）纳德写成了被称为现代园林设计第一则声明的《现代景观中的花园》一书，其中新理念的第一条就是从现代主义建筑中借鉴而来的功能主义，这些实践和理论对现代园林规划设计产生了巨大的影响，标志着功能理性在现代园林规划设计中的兴起。

作为功能主义的理解，城市公园和绿地被看作是城市居民放松身心的功能空间，出于对公园绿地与城市居民身心健康关系的认识，城市绿化面积和人均绿地面积等指标成为衡量城市环境质量的重要指标。城市绿地系统的科学规划与合理安排成为城市园林规划的重要内容和目标。而在具体的园林设计中，功能同样被认为应该是设计的起点，场地中各种功能的理性安排和分区成为设计考虑的首要目标，城市园林与城市居民的生活紧紧结合在一起。

现代主义受到现代艺术的影响甚深。20世纪初，受到当时几种不同的现代艺术思想的启示，在设计界形成了新的设计美学观，它提倡线条的简洁、几何形体的变化与色彩的明亮。现代主义对园林的贡献是巨大的，它使得现代园林真正走出了传统的天地，形成了自由的平面与空间布局、简洁明快的风格、丰富多样的设计手法。

同现代城市规划一样，现代园林规划设计从技术专家的角度出发，面对社会需求和城市功能要求，他们采取的是唯理的分析方法和线性的操作程序。在社会逐渐民主与多元化的背景下，面对多样的选择，如何满足大多数人的喜好，如何保证每个人的需求在未来实现的规划设计中都不被排除在外，如何使规划结果实现最大限度的公正和社会满足等问题，建立在个人的或少数人的理性分析和判断上的现代主义园林规划设计逐渐遭到质疑。这种自上而下的精英主义设计和机械的管理方法，在面对各种价值的评估、取舍和各类人群的需求时显然会产生偏差和不足。而一旦片面地、机械地追求城市绿化各项指标而忘却其背后为人服务的含义，园林规划设计便失去了明晰的发展目标和方向。现代社会中，好的设计需要多元的对话。西方园林设计方法的发展与变革体现了这一社会观念的变化。

现代园林规划设计综合多种使用者需求，创造公正、公平的城市景观，合理而有效的公众参与为规划设计实践提供了获得长期成功的社会基础，走出了自己的、与社会现实同步的道路。

与此同时，现代城市的不断扩张和日益加快的郊区化倾向，使得城市对整个人居环境造成了极大的冲击力。大地景观被人类切割得支离破碎，自然的生态过程受到了严重威胁，生物多样性不断消失，生态环境不断恶化。人类不得不面对的环境问题不仅包括交通污染、空气污染、缺乏绿地等城市问题，而且也包括水资源污染、野生环境破坏、土壤流失及沙漠化等区域性问题，这些现象越来越严重地影响了社会经济的发展，甚至逐渐威胁着人类自身的生存和延续。在这种背景下，对生态环境的改善与保护的考虑成为城市规划和园林规划设计中日趋必然的需求。

第二节 园林绿化的效益

一、社会效益

（一）提供游憩度假的条件

人们的劳逸时间有了新的变化，休闲时间将不断增加，形成了三个层次：一是在工作日8小时工作时间以外的时间。二是每周2天的休假日。三是每年1～2次的长假时间。

这是时代发展的必然，应顺应这一趋势做出相应的安排，也就是要在园林绿地的游憩功能上提出相应的措施。第一，要满足建设好居民区周围的绿地环境，使居民能住在一个清洁、优美、舒适的环境中，满足居民第一层次的需求。第二，利用一些大的公园、专业公园、郊区的度假区或风景名胜区的绿化满足人们周末度假休闲的需要。第三，绿地要满足人们对朝霞晨露、夕阳暮霭、鸟语花香、星光月影这种浓郁的大自然风景百赏不厌的要求，这些正是人们在长假期间亲近大自然、放松心情的好去处，因此要做好集中假日服务的安排，满足人们游赏、观光和食宿的要求。

人们在紧张、繁忙的劳动以后，需要游憩，这是生理的需要。这些游憩活动可以包括安静休息、文化娱乐、体育锻炼、郊野度假等。这些活动对于体力劳动者可消除疲劳，恢复体力；对于脑力劳动者可以调剂生活，振奋精神，提高效率；对于儿童，可以培养勇敢、活泼、伶俐的性格，有利于健康成长；对于老年人，则可享受阳光空气，增进生机，延年益寿；对于残疾人，兴建专门的设施可以使他们更好地享受生活。这些活动对工作、生活都起了积极的作用，产生了广泛的社会效益。因此，游憩逐步由个人自身的需要发展成社会的需要，越来越受到人们和社会的重视，而成为社会系统的一部分，而游憩空间的组织则是现代城市规划中不可缺少的组成部分。

（二）日常户外活动

城市人口的增加和密集，人工环境的扩大和强化，带给人们一种"自然匮乏"的感觉，在生理上和心理上受到损害。人们在工作之余，希望到户外进行活动，其中包括散步、休息、茗茶、交谈、阅读、赏景等安静的活动，也包括各类体育锻炼活动，希望在阳光明媚、空气清新、树木葱绿、水体清净、景色优美的环境里进行这些活动。因此，城市中的游园，居住区中的各类绿地首先要满足人们日常对自然的需求，使人在精神上得到调剂，在生理上得到享受，为人们获得自然信息提供方便条件。当然，还需要有相应的设施以满足人们的休息、娱乐、锻炼、社交等各类活动的需求。

现代教育的研究证明，少年儿童的户外活动对他们的体育、智育、德育的成长有很积极的作用，因此很多经济发达的国家对儿童的户外活动颇为重视，一方面，创造就近方便的条件；另一方面，设置有益的设施，把建造儿童游戏场体系作为居住区设计和园林绿地系统的组成部分。

1.文化宣传、科普教育

园林绿地是城市居民接触自然的窗口，通过接触，人们可以获得许多自然学科的知识，从各类植物的生长、生态形态到季节的变化、群落的依存、动植物多样化的关系等，有的还设有专业的植物园、动物园、地质馆、水族馆等来做专业性的介绍，使人得到科学普及的知识和自然辩证法的教育。有些公园绿地除了对自然科学的传播外，还有人文、历史、艺术方面的宣传，如历史名胜公园、革命烈士陵园等都可以通过具体的资料、形象进行爱国主义教育，增添文化历史的知识，从而使人得到精神上的营养。运用公园这个阵地进行文化宣传和科普教育。由于人们是在对自然的接触、游憩、娱乐中而得到教育，寓教于乐，寓教于学，形象生动，效果显著，所以园林绿地越来越受到社会的重视。它作为人们认识自然、学习历史、普及科学的重要场所，还不断增添了新的内容，如介绍海洋资源，激发人们去开拓的"海洋公园"；介绍科学技术发展历史，引导人们去探索未来的科学公园；等等。

2.旅游度假

世界旅游事业蓬勃发展，其原因是多方面的。其中很重要的一个因素就是人们希望投身到大自然的怀抱中，弥补其长期生活在城市中所造成的"自然匮乏"，从而锻炼身体，增长知识，消除疲劳，充实生活，获得生机。由于经济和文化生活水平的提高，休假时间的增加，人们已不满足于在市区内园林绿地的活动，而希望离开城市，到郊区、到更远的风景名胜区甚至国外去旅游度假，领略特有的情趣。

我国幅员辽阔，风景资源丰富，历史悠久，文物古迹众多，园林艺术享有盛誉，加之社会主义建设日新月异，这些都是发展旅游事业的优越条件。近年来，随着旅游度假活动的开展，国内的游客大幅度地增加，一些园林名胜地的开发对旅游事业的发展起到了积极的作用，同时还获得了巨大的经济效益和社会效益。

3.度假及休闲疗养的基地

自然风景区景色优美，气候宜人，可为人们提供度假疗养的良好环境。许多国家从区域规划角度安排度假休养、疗养基地，充分利用某些地方特有的自然条件，如海滨、高山气候、矿泉作为较长期的度假及休养、疗养之用，使度假疗养者经过一段时间的生活和疗养，增进了健康，恢复了生机，重新回到工作岗位发挥作用。我国许多自然风景区中都开辟了度假疗养地。

从城市规划来看，主要利用城市郊区的森林、水域及风景优美的园林绿地来安排为居民服务的度假及休养、疗养地，特别是休假活动基地，有时也与体育娱乐活动结合起来安排。

4.美化城市、装饰环境

城市中各类园林绿地充分利用自然地形地貌的条件，为人为的环境引进自然的景色，使城市景观交织融合在一起，让城市园林化，使人们身居城市仍能得到自然的孕育。

城市道路广场的绿化对市容面貌影响很大，街道绿化得好，人们虽置身于闹市中，也犹如生活在绿色走廊里，避开了一些杂乱工作的干扰。

园林绿化的形式丰富多样，可以成为各类建筑的衬托和装饰，运用形体、线条、色彩等效果与建筑相辅相成，取得更好的艺术效果，使人得到美的享受。

园林绿化还可以遮挡有碍观瞻的景象，并可以用园林植物的不同形态、色彩和风格来实现城市环境的统一性和多样性，增加艺术效果。

城市的环境美可以激发人的思想情操，提高人的生活情趣，使人对未来充满理想。优美的城市绿化是现代化城市不可或缺的一部分。

（三）自然美、艺术美和创造性

1.自然美

植物给人以视觉、听觉、嗅觉的美感。例如，"雨打芭蕉""留得残荷听雨声"等，指的就是雨打在叶子上发出声响给人以享受。许多植物还能散发芬芳的气味，如梅花、桂花、含笑、茉莉、蔷薇、米兰、九里香、蜡梅等，香气袭人，令人陶醉。视觉的美感最为普遍，青翠欲滴的叶子、五色绚烂的花朵、舒展优美的树形无不给人以视觉上的享受。

2.艺术美

植物满足人的情感生活的追求、道德修养的追求和人际交往的追求。当植物被人们倾注以情感之后，它就不再仅仅是一种纯自然的存在了，而是部分地象征了人们的情感、价值观乃至世界观，甚至成为人们精神世界的物化存在。传统民俗文化更赋予了植物吉祥的意义，例如，"玉堂富贵"是以玉兰、海棠、牡丹、桂花四种花木组合；"早生贵子"是以石榴多子象征子孙满堂；"四君子"是梅、兰、竹、菊合称，因梅优雅、兰清幽、菊闲逸、竹刚直而得名；"岁寒三友"是松、竹、梅合称，因竹刚直不阿，松持节操，梅傲风雪；又如以各种花草象征各种祝福送给友人，以小草的顽强生长作为自勉的榜样，无不体现了园林植物的文化功能。

3.创造性

植物满足人们创造的需求，精神世界的发展，需要知识作为武器。园林植物有时候也会激发人的创造性，许多仿生学方面的发明创造即来自园林植物的启发；人们甚至从植物生态学的角度出发，引申出经济生态学、城市生态学等，进一步扩展了生态平衡的研究领域。

二、经济效益

（一）直接经济效益

直接经济效益主要是指园林绿化产品、门票、服务、文化娱乐等的直接经济收入，如公园门票收入、植物园门票收入、植物产品收入、动物园门票收入、动物产品收入、园景门票收入、文化古迹门票收入等。许多城市园林绿地的收入颇为可观，每年都达几千万元。

随着人们工作效率的提高，休闲时间越来越多，娱乐休闲已成为人们必不可少的生活需求，休闲经济也将成为社会的主导经济。传统的农业与园林、园艺相结合建设而成的现代农业观光园就是在这一背景下产生的例证。

（二）间接经济效益

间接经济效益是指园林绿化形成的良好生态环境带来的生态效益和社会效益，这种效益无法明示却是巨大的。当然，间接经济效益比直接经济效益大得多。近年来的商品住宅区是最好的例证，越邻近公园绿地，售价越高。

城市园林绿地是一个完整的绿色生命系统，一般情况下，在生态上是正效益，能增加自然资源，消耗废弃物，为居民提供生产、生活、工作、学习环境所需要的综合、广泛、长期、共享的无可替代的价值效益。

综上所述，城市园林绿地的综合效益最显著的是由其公益性特性所产生的环境效益和社会效益。从城市园林绿地建设的成效来看，受益最大的是生态环境日益优化的城市和生活质量不断提高的广大城市居民。同时，由绿化建设带动起来的旧城改造、房地产业、旅游业及相关产业也可以取得明显成效。城市环境的改善对吸引国内外企业投资可以产生积极作用。一些大城市的园林绿地建设的实践证明，花钱发展的绿化，最终将回馈经济的发展。这种由"绿化经济链"引起的互动效应，将对城市的经济、社会、人口、资源的协调发展起到长远而有效的推动作用。[①]

三、生态环境效益

城市园林绿化被称为"城市的肺脏"，它既能调节城市的温度、湿度，净化空气、水体、土壤，又能促进城市通风和减少风害、降低噪声，对改善城市环境、维护城市的生态平衡具有巨大作用。

（一）城市的肺脏

通常情况下，大气中的二氧化碳含量为0.03%左右，氧气含量为21%。随着城市人口的集中、工业生产的发展，排放的废水、废气、燃烧烟尘越来越多，它不仅影响了环境质量，而且直接损害了人们的身体健康，导致市民发生头痛、耳鸣、呕吐、血压增高等病症。如果有足够的园林植物，就能不断调节大气中二氧化碳和氧气的平衡，改善环境，促进城市生态良性循环。

---

① 陈铠楠. 森林公园总体规划中的建设用地规划 [J]. 智能城市，2020，6（3）：113-115.

（二）调节温度

城市园林绿地中的树木在夏季除了能为树下游人遮挡直射阳光外，还能通过它本身的蒸腾和光合作用消耗许多热量，缓解城市的"热岛效应"。据测定，盛夏林地树荫下气温比裸地低 3 ~ 5℃。绿色植物在夏季能吸收 60% ~ 80% 的日光能和 90% 的辐射能，使气温降低 3℃ 左右；园林绿地中地面温度比空旷地面低 10 ~ 17℃，比柏油路低 8 ~ 20℃，有垂直绿化的墙面温度比没有绿化的墙面温度低 5℃ 左右。

（三）调节湿度

人们感觉最舒适的空气相对湿度为 30% ~ 60%，而园林植物可通过叶片蒸发大量水分，提高空气相对湿度。据北京园林局测定，1 公顷的阔叶林夏季能蒸腾 2500 吨水，比同等面积的裸露土地蒸发量高 20 倍；每公顷油松林每日蒸腾量为 43.6 ~ 50.2 吨；每公顷加拿大杨树林每日蒸腾量为 57.2 吨。又据测定，公园的湿度比绿地少的地区高 27%，行道树能提高空气相对湿度 10% ~ 20%。冬季，由于绿地中的风速小，气流交换较弱，土壤和树木蒸发水分不易扩散，所以其空气相对湿度也高 10% ~ 20%。由于空气相对湿度的增加，大大改善了城市小气候，使人们享有舒适感。

（四）净化空气

粉尘、二氧化硫、氟化氢、氯气等有害物质是城市的主要污染物，其中又以二氧化硫数量最多、分布最广、危害最大。据研究，许多园林植物的叶片具有吸收二氧化硫的能力。松林每天可从 1 立方米空气中吸收 20 克二氧化硫。每公顷柳杉林每天能吸收二氧化硫 60 千克。很多树叶中含硫量可达 0.4% ~ 3%（占叶片干重）。据上海园林局测定，女贞、泡桐、刺槐、大叶黄杨等都有很强的吸氟能力，构树、合欢、紫荆、木槿等具有较强的抗氯、吸氯能力。据统计，工业城市每年每平方千米上空降尘量平均为 500 ~ 1000 吨，特别是某些金属、矿物、碳、铅等空气中的尘埃、油烟、碳粒等。粉尘一方面降低了太阳的照明度和辐射强度，削弱了紫外线；另一方面，飘尘随着人们呼吸进入肺部，引起气管炎、尘肺、硅肺等疾病。而合理配置绿色植物可以吸收、净化有毒气体，阻挡粉尘飞扬，如悬铃木、刺槐林可使粉尘减少 23% ~ 52%，使飘尘减少 37% ~ 60%；绿化好的绿地上空大气含尘量通常较裸地或街道少 1/3 ~ 1/2。1 公顷柳杉林每月能吸收的二氧化硫为 60 千克，一条宽 5 米的悬铃木林带可使二氧化硫浓度降低 25% 以上，加拿大杨、桂香柳等都能吸收醛、酮、醇、醚等毒气，草坪还可以减少灰尘被吹起，从而减少了人类的疾病。一般树木叶面积是占地面积的 60 ~ 70 倍；草坪中草的叶面积是占地面积的 20 ~ 30 倍。有很多树叶表面高低不平、长有茸毛，有的还能分泌黏性油脂或汁浆等，其上可附着大量灰尘。所以，绿色的园林植物被称为"绿色的过滤器"。

（五）杀死病菌

由于园林绿地上有树木、草、花等植物覆盖，上空的灰尘相应减少，也减少了黏附在其上的病原菌。此外，许多园林植物能分泌出一种杀菌素，具有杀菌的作用。例如，1公顷的柏树林每天能分泌出杀菌素30千克，可杀死白喉、肺结核、伤寒、痢疾等病菌。桦木、桉树、梧桐、冷杉、毛白杨、臭椿、核桃、白蜡等都有很好的杀菌能力。

（六）净化水体

城市和郊区的水体，由于工矿废水和居民生活污水的污染而影响环境卫生与人们身体健康。研究证明，树木可以吸收水中的溶解质，减少水中含菌数量。如30 ~ 40米宽林带树根可将1升水中含菌量减少1/2。芦苇能吸收酚，每平方米芦苇一年可积聚污染物6千克，杀死水中大肠杆菌。种芦苇的水池比一般水池中水的悬浮物减少30%，氯化物减少90%，有机氮减少60%，磷酸盐减少20%，氨减少66%，总硬度降低33%。水葱可吸收污水池中有机化合物。水葫芦能从污水里吸取银、金、汞、铅等金属物质，并能降低镉、酚、铬等有机化合物。

（七）净化土壤、蓄水保土

园林植物的根系能吸收土壤中有害物质，起到净化土壤的作用。据测定，植物根系的分泌物能使土壤中的大肠杆菌死亡，使好气细菌增多几百倍至几千倍，吸收空气中一氧化碳，促使土壤中有机物迅速无机化。这样，不仅净化了土壤，又提高了土壤肥力。

大气降水进入植被生态系统，首先接触冠层，植被冠层除了对降水具有截留作用外，还对降落在冠层上的降水在向下移动过程中产生再分配的作用。沿着植被的干层流到地面形成干流。地表的枯枝落叶层具有很大的持水能力可以有效吸持降落到地表的水分，延缓地表径流的流速，增加入渗时间。而地下根系层除了能够有效增加入渗外，还可以有效提高土壤的抗冲性等。

（八）通风、防风

城市中的道路、滨河等绿带都是城市的通风渠道。如绿带与该地区夏季的主导风向一致，可以将城市郊区的气流引入城市中心地区，大大改善市区的通风条件。如果用常绿的林带，垂直于冬季的寒风方向，可以大大地降低冬季寒风、风沙对市区的危害。

由于城市集中了大量的水泥建筑群和路面，在夏季受太阳辐射增热很大，加上城市人口密度大、工厂多，再加上燃料的燃烧、人的呼吸，因此气温有较大幅度增高，形成"城市热岛"现象。如果城市郊区有大片绿色森林，郊区的冷空气就会不断向城区流动，形成微风，可以调节气温，输入新鲜空气，改善通风条件。

（九）降低噪声

由于城市中交通繁忙、工厂林立，其噪声危害有时很严重。当强度超过70分贝时，就会使居民产生头昏、头痛、神经衰弱、消化不良、高血压等病症。而绿色树木对声波有散射、吸收作用，如40米宽的林带可以降低噪声10～15分贝；高6～7米的绿带平均能降低噪声10～13分贝；一条宽10米的绿化带可降低噪声20%～30%。因此，绿化植物又被称为"绿色的消声器"。

第三节　园林景观艺术的特点及属性

一、园林景观艺术的特点

园林景观艺术在我国的历史源远流长，是伴随着诗歌、绘画艺术而发展的，具有诗情画意的内涵，我国人民又有着崇尚自然、热爱山水的传统风尚，所以又具有师法自然的艺术特征。它通过典型形象反映现实、表达作者的思想感情和审美情趣，并以其特有的艺术魅力影响人们的情绪，陶冶人们的情操，提高人们的文化素养。园林景观艺术是对环境加以艺术处理的理论与技巧，是一种艺术形象与物质环境的结合，因而园林景观艺术有其自身的特点。

（一）园林景观艺术是与科学相结合的艺术

园林景观是设计与功能相结合的艺术形式，所以在规划设计时，首先要求综合考虑其多种功能，对服务对象、环境容量、地形、地貌、土壤、水源及其周围的环境等进行周密的调查研究，方能着手规划设计。园林建筑、道路、桥梁、挖湖堆山、给排水工程及照明系统等都必须严格按工程技术要求去设计、施工才能保证工程质量。植物因其种类不同，其生态习性、生长发育规律及群落演替过程等各异，只有按其习性因地制宜适地适树地予以利用，加上科学管理，植物才能达到生长健壮和枝繁叶茂的效果，这是植物造景艺术的基础。综上所述，一个优秀的园林景观，从规划设计、施工到养护管理，无一不依靠科学，只有依靠科学，园林景观艺术才能尽善尽美。因而说园林景观艺术是与科学相结合的艺术。

（二）园林景观艺术是有生命的艺术

构成园林景观的主要要素是植物。利用植物的形态、色彩和芳香等作为造景艺术的主题，并结合植物的季节变化构成绚丽的园林景观。植物是有生命的，因而园林景观艺术也具有了生命的特征，它不像绘画与雕塑艺术那样追求抓住瞬间形象的凝固不变，而是随岁月流逝，不断变化着自身的形体，以及因植物间相互消长而不断变化着园林景观空间的艺术形象，因而园林景观艺术是有生命的艺术。

（三）园林景观艺术是与功能相结合的艺术

在考虑园林景观艺术性的同时，要顾及其环境效益、社会效益和经济效益等各方面的因素要求，做到艺术性与功能性的高度统一。

（四）园林景观艺术是融多种艺术为一体的综合艺术

园林景观是融文学、绘画、建筑、雕塑、书法、工艺美术等艺术门类于自然的一种独特艺术形式。它们为了充分体现园林的艺术性而在各自的位置上发挥着作用。各门艺术形式的综合，必须彼此互相渗透与交融，形成一个既适于新的条件，又能够统辖全局的总的艺术规则，从而体现出综合艺术的本质特征。

从前文列举的四个特点可以看出，园林景观艺术不是任何一种艺术都可以替代的，任何一位大师都不能单独完美地完成造园任务。有人说造园家如同乐队指挥或戏剧的导演，他不一定是个高明的演奏家或演员，但他是一个乐队的灵魂、戏剧的统帅；他不一定是一个高明的画家、诗人或建筑师等，但他能运用造园艺术原理及各种艺术的和科学的知识统筹规划，把各个艺术角色安排在相对适宜的位置，使之互相协调，从而提高其整体艺术水平。

因此，园林艺术设计效果的实现，是要靠多方面的艺术人才和工程技术人员通力协作才能完成的。园林景观艺术的上述特征，决定了这门艺术反映现实和反作用于现实的特殊性。一般来说，园林艺术不反映生活和自然中丑的东西，而反映的自然形象是经过提炼的、令人心旷神怡的部分。

古典园林中的景物，尽管在思想上有虚假的自我标榜和封建意识的反映，但它的艺术形象通过愉悦感官，能引起心理和情绪上的美感与喜悦，正所谓"始于悦目、夺目而归于动心"。大自然没有阶级性，自然美的艺术表现会引起不同阶级共同的美感。

园林景观艺术虽然能表现一定的思想主题，但由于其在反映现实方面较模糊，不可能具体地说明事物，因此它的思想教育作用远不能和小说、戏剧、电影相比，但它能给人以积极情绪上的感染和精神与文化上的陶冶作用，有利于身心健康和精神文明建设。

园林景观艺术形式是在特定历史条件下政治、经济、文化及科学技术的产物，它必然带有那个时代的精神风貌和审美情趣等。今天，无论是我国的社会制度，还是时代潮流，都发生了根本的变化。生产关系和政治制度的巨大变革及新的生产力极大地推动了社会进步与文明发展，带来了人们生活方式、心理特征、审美情趣和思想感情的深刻变化。它一定和旧的园林景观艺术形式发生矛盾，一种适应社会主义新时代的园林艺术形式，必将在实践中发展并完善起来。

总之，园林景观艺术主要研究园林创作的艺术理论。其中包括园林景观艺术作品的内容和形式、园林景观设计的艺术构思和总体布局、园景创造的各种手法、形式美构图的各种原理在园林中的运用等。

二、园林景观艺术美及其属性

（一）园林景观艺术美的概念

所谓园林景观艺术美是指应用天然形态的物质材料，依照美的规律来改造、改善或创造环境，使之更自然、更美丽、更符合时代社会审美要求的一种艺术创造活动。艺术是生活的反映，生活是艺术的源泉。这决定了园林景观艺术有其明显的客观性。从某种意义上说，园林景观艺术美是一种自然与人工、现实与艺术相结合的，融哲学、心理学、伦理学、文学、美术、音乐等为一体的综合性艺术美。

园林景观艺术美源于自然美，又高于自然美。正如歌德所说："既是自然的，又是超自然的。"园林景观艺术是一种实用与审美相结合的艺术，其审美功能往往超过了它的实用功能，目的大多是以游赏为主。园林景观美具有诸多方面的特征，大致归纳如下：园林景观美从其内容与形式统一的风格上，反映出时代民族的特性，从而使园林景观艺术美呈现出多样性；园林景观美不仅包括树石、山水、花草、亭榭等物质因素，还包括人文、历史、文化等社会因素，是一种高级的综合性的艺术美；园林景观艺术审美具有阶段性。总之，园林景观艺术美处处存在。正如罗丹所说，世界上"美是到处都有的，对于我们的眼睛，不是缺少美，而是缺少发现"。

（二）园林景观艺术美的来源

1.园林景观艺术美来自发现与观察

世界是美的，美到处都存在着，生活也是美的，它和真与善的结合是人类社会努力寻求的目标。这些丰富的美的内容，始终等待我们去发现。自然美是客观存在的，不以人的意志为转移，这个客观存在只有引起自己的美感，才有兴致进行模仿或再现，最后才有可能引起别人的美感，因此主观上找到并发现美是十分重要的因素。发现园林景观艺术美，首先要认识那些组成园林景观艺术美的内容，科学地分析它的结构、形象、组成部分和时间的变化等，从中得到丰富的启示。越是深入地认识，越是忘我，就越能从中得到真实的美感，这也是不断地从实践中收获美感的过程。属于园林景观艺术美的内容有以下四部分。

（1）植物

植物是构成园林景观艺术美的主要角色，它的种类繁多，有木本的，有草本的，木本中又有观花的、观叶的、观果的、观枝干的各种乔木和灌木，草本中有大量的花卉和草坪植物。一年四季呈现出各种奇丽的色彩和香味，表现出各种体形和线条。植物美的贡献是享用不尽的。

（2）动物

动物有飞蝶、游鱼、报春莺、知秋归雁、唤雨鸠、嘶风马等，它们穿插于安静的大自然中，为自然界增添了生气。

（3）建筑

古代帝王园林、私家园林和寺观园林，建筑物占了很大比重，其中类别很多，变化丰富，积累着我国建筑的传统艺术及地方风格，独具匠心，并在世界上享有盛名。虽然现代景观设计中建筑的比重需求大量地减少，但对各式建筑的单体仍要仔细观察和研究它的功能，如艺术效果，位置、比例关系，与四周自然美的结合等。近代园林建筑也如雨后春笋出现在许多城市园林景观设计中，今后如何古为今用或推陈出新，亟待我们去深入地研究。

（4）山水

自然界的山峦、峭壁、悬崖、洞壑、坡矶，成峰成岭，有坎有坦，变化万千。园林景观设计师要"胸中有丘壑，刻意模仿自然山水才有可能"；《园冶》中提出"有真为假，做假成真"，所以必须熟悉大自然的真山真水，认真观察才能重现这个天然之趣。水面或称水体，自然界大到江河湖海、小至池沼溪涧都是美的来源，是园林景观设计中不可或缺的内容。《园冶》中指出"疏源之去由，察水之来历"，园林景观设计师要"疏"、要"察"，了解水体的造型和水源的情况，造假如真才能得到水的园林景观艺术美。同时水生植物、鱼类的饲养都会使水体更具生气。

实际上园林景观艺术美的内容远不止以上四方面内容。正如王羲之在《兰亭集序》中所云："仰观宇宙之大，俯察品类之盛，所以游目骋怀，足以极视听之娱，信可乐也。"他的"仰观"与"俯察"是在宇宙和品类中发现与观察到视听的美感所在，他找到了，故而随之得到了审美的乐趣，感到"信可乐也"。

2.园林景观艺术美是在观察后的认识

园林景观艺术美的内容充满了对自然物的利用，只有将科学与艺术相结合，才能达到较高的艺术效果并创造出美的境界，这正是园林景观艺术与其他艺术迥然不同的地方。科学实践可以帮助人们发现自然美的真与善，例如，牡丹和芍药本是药用植物，现在是人们喜爱的观赏植物；番茄和马铃薯本是观花赏果的观赏植物，也成为人类的重要食品。世界上几十万种高等植物，如果没有科学的发现和引种培育，怎会有今天的缤纷世界？科学帮助我们认识自然规律，也帮助我们理解一些很普通的自然现象。前人有许多观察与认识的经验，他们虽然不一定是科学家，但是对于自然界的观察精心而细致。画家的观察要"潜移默化"，记在心里加以融合之后才能"绘形如生"，甚至"与造化争神奇"也是超越自然美的表现。至于园林家的观察与认识要比诗人和画家更广泛、细致，也更为科学，"目寄心期"成为再现自然的依据。事物往往是相辅相成或相反相成的，园林景观艺术美能够引人入胜，很多是在相形之下产生相异的结果，所以要认识大自然中虚与实、动与静、明与暗、大与小、孤与群、寒与暑、形与神、远与近、繁与简、俯与仰……十分复杂的变化和差异，体会玩味各种奥妙，即所谓"外师造化，拜自然为师"，是十分重要的认识过程。认识以后，园林景观设计师要像其他艺术家那样推敲、提炼、取舍，结合生活与社会，创造出现代人所喜爱的美景。同时决不能搞自然主义，也不能机械地生搬硬套。

3.园林景观艺术美来自创作者所营造的意境

中国美学思想中有一种西方所没有的"意境"之说，它最先是从诗与画的创作而来。什么是意境？本是只可意会不可言传的，有人认为意境是内在的含蓄与外在表现（如诗、画、造园）之间的桥梁，这种解释可以适用在园林景观艺术美的创作中并加以引申。自然是一切美的源泉，是艺术的范本。前文谈了许多发现、观察、认识的过程，最后总要通过设计者与施工管理者的运筹，其中必然存在创作者的主观感受，并在创作的过程中很自然地传达他的心灵与情感，借景传情，创作出物质与精神相结合的美感对象——园林景观风景。这个成品既有创作者个人的情意，又有借这些造园景物表达他情意的境地。这种意与境的结合比诗歌的创作更形象，比绘画创作更富有立体感。园林景观艺术美的"意境"就是这样形成的。

必须说明的是，创作者的意境会不会引起欣赏者相同或相近的意境，这确实是一件很难预料的事，其中有时间和空间的不断变化，也有欣赏者复杂的欣赏水平的体现。当然，自然景物的语言是不具备任何标题的，一切附带着情感的体会都是在自然景物中夹杂了人文的景物，如寺庙、屏联、雕像等，引导欣赏者进入某些既定的标题，这样往往对园林景观艺术美事先就定下了意境的范畴，自然美在这里反而成了次要的配景。真正的园林景观艺术美应当像欣赏"无标题音乐"那样，任由人们的情感在自然美中驰骋和想象。列宁说过："物质的抽象、自然规律的抽象、价值的抽象以及其他等，一句话，一切科学的抽象，都更深刻、更正确、更完全地反映着自然。"园林景观设计就是为了充分地反映自然，所以需要科学的抽象。

（三）园林景观艺术美的属性表现

园林景观艺术美的表现要素是众多的。如主题形式美、造园意境美、章法韵律美，以及植物、材料、色彩、光、点、线、面等。

1.主题形式美

这种主题的形式美，往往反映了各类不同园林景观艺术的各自特征。园林景观设计主题的形式美渗透着种种社会环境等客观因素，同时也强烈地反映了设计者的表现意图，或象征权威，或具有幽静闲适、典雅等多方面的倾向。主题的形式美与造园者的爱好、智力、创造力，甚至造园者的人格因素、审美理想、审美素养是有密切联系的。

2.造园意境美

中国古典园林景观的最大特征之一便是意境的创造。园林中的山水、花木、建筑、盆景，都能给人以美的感受。当造园者把自己的情趣意向倾注于园林之中，运用不同材料的色、质、形，统一平衡、和谐、连续、重现、对比、韵律变化等美学规律，剪取自然界的四季、昼夜、光影、虫兽、鸟类等混合成听觉、视觉、嗅觉、触觉等结合的效果，引起人们的共鸣、联想与感动，才产生意境。中国古典园林受诗画影响很大。中国园林景观的意境是按自然山水的内在规律，用写意的方法创造出来的，是"外师造化，中得心源"的结果。

3.章法韵律美

园林景观是一种"静"的艺术，这是相对其他艺术门类而言的，而园林景观设计中的韵律使园林空间充满了生机勃勃的动势，从而表现出园林景观艺术中生动的章法，表现出园林景观空间内在的自然秩序，反映了自然科学的内在合理性和自然美。

人们喜爱空间，空间因其规模大小及内在秩序的不同而在审美效应上存在着较大的差异。园林景观艺术中一直有"草七分，石三分"的说法，这便是处理韵律的一种手法。组成空间的韵律和章法能赐予园林景观艺术以生气与活跃感，并且可以创造出园林景观的远景、中景和近景，更加深了园林景观艺术内涵的广度和深度。总之，园林景观艺术综合了各种艺术手段，它包括建筑、园艺、雕塑、工艺美术、人文环境等综合艺术。园林景观艺术美的表现要素是多方面的，除以上方面之外，还有以功能为主的园内游泳池、运动场等，供休憩玩赏的草坪、雕塑、凉亭、长椅等。只有依照审美法则，按照审美规律去构建，才能达到令人满意的艺术效果。

第二章　园林植物栽培与养护的理论依据

园林植物种类繁多、习性各异，生态环境和栽培技术各不相同。本章主要讲述园林植物的概念及范围、园林植物的分类、园林植物的生长发育过程及园林植物与环境的关系。通过学习本章内容，将会为以后制定各类园林植物的栽培养护措施提供理论依据，为利用植物、改造植物奠定理论基础。

第一节　园林植物的范围及分类

一、园林植物的概念及范围

园林植物是指能绿化、美化、净化环境，具有一定观赏价值、生态价值和经济价值，适用于布置人们生活环境、丰富人们精神生活和维护生态平衡的栽培植物，包括木本和草本两大类。它们是构成自然环境、公园、风景区、城市绿化的基本材料。园林植物和园林建筑、山石、水体共同构成园林的四大要素。随着科技的进步和社会的发展，现在将室内花卉及装饰用的植物也纳入了园林植物的范畴，因此，园林植物的范围会随时代的发展而不断拓展。

二、园林植物的分类

园林植物种类繁多、习性各异，栽培应用方式多种多样。园林植物通常分为以下三种。

（一）按生物学特性分类

1.木本园林植物

木本园林植物茎部高度木质化，质地坚硬。在园林绿化中起骨架作用，是构成风景园林的主要植物材料，也是发挥园林绿化效益的主要植物群落。根据其生长习性不同可分为以下几种。

乔木：植株主干明显，分枝点高，如雪松、香樟、悬铃木、广玉兰和榕树等。按照树体高度不同又可分为：大乔木（高20米以上），如云杉、白桦、白杨等；中乔木（高

10～20米），如银杏、国槐、广玉兰等；小乔木（高5～10米），如山桃、桂花、红叶李等。

灌木：无明显主干或主干短，为近地面处丛生的木本植物，如月季、牡丹、玫瑰、蜡梅、珍珠梅等。

藤木：以特殊的器官，如以吸盘、吸附根、卷须或缠绕茎、钩刺等攀缘其他物体向上生长的木本藤本植物，如凌霄、紫藤、葡萄、金银花等。

匍匐植物：植株的干和枝不能直立，只能匍地生长，如偃松、铺地柏等。

2.草本园林植物

草本园林植物茎部木质化程度低，柔软多汁。在园林中起点缀、丰富园景和增加色调的作用，它可使园林充满生气。根据其生长环境不同可分为露地草本花卉、温室花卉、水生花卉和草坪植物。

露地草本花卉：在露地自然条件下，可以完成其生长发育全过程的草本花卉。

以其生活周期长短的不同又可分为一年生草本花卉、二年生草本花卉、多年生宿根花卉和多年生球根花卉。

一年生草本花卉：一般在春季播种，夏秋开花，秋后种子成熟，入冬植株会枯死。它们在一年内完成一个生命周期。如一串红、鸡冠花、百日草、凤仙等。

二年生草本花卉：一般在秋季播种，次年春、夏季开花，夏季种子成熟后枯死。它们跨年度生长，但不满两年。如金盏菊、瓜叶菊、三色堇、金鱼草等。

多年生宿根花卉：个体寿命超过两年，地下部分形态不发生变化，植物的宿根留存于土壤中，冬季可在露地越冬，能多次开花结实。如菊花、萱草等。

多年生球根花卉：其地下部分具有膨大的变形茎或根，有五种类型。

鳞茎类：具有多数肥大的鳞片，如水仙、百合、郁金香、风信子。

球茎类：外形如球，内部实心，如唐菖蒲。

块茎类：地下茎呈块状，如马蹄莲、大岩桐等。

根茎类：地下茎肥大而形成粗长的根茎，其上有明显的节与节间，如美人蕉、鸢尾、荷花等。

块根类：由根膨大而成，如大丽菊、花毛茛等。

温室花卉：指原产于热带、亚热带及南方温暖地区的花卉。在北方寒冷地区栽培必须在温室内培养，或冬季需要在温室内保护越冬，如红掌、仙客来、仙人掌、兰花等。

水生花卉：指生长于水中或沼泽地的观赏植物。水生花卉种类繁多，我国有150多个品种，是园林、庭院水景园林观赏植物的重要组成部分。主要有荷花、睡莲、百叶草、宝塔草、菖蒲、千屈菜等。

草坪植物：用于覆盖地面形成较大面积而又平整的草地，常用的有黑麦草、结缕草、早熟禾、狗牙根、绊根草、野牛草、马蹄金和三叶草等。

（二）按观赏部位分类

观花类：以观花为主的园林植物，或花色艳丽，或花朵硕大，或花形奇异，或香气怡人。其分为木本观花植物和草本观花植物两类。木本观花植物有玉兰、杜鹃、梅花、桂花、碧桃、海棠、牡丹等。草本观花植物有矮牵牛、水仙、菊花、一串红、三色堇、朱顶红、郁金香、风信子等。

观茎类：因茎秆色泽或形状异于其他植物而供作观赏的园林植物。如佛肚竹、红瑞木、榔榆、白皮松、白桦、悬铃木、仙人掌、光棍树等。

观叶类：以叶色光亮、色彩鲜艳、叶形奇特而供作观赏的园林植物。观叶植物观赏期长、观赏价值高。如龟背竹、红枫、八角金盘、黄栌、巴西铁、橡皮树、一叶兰、红叶石楠、紫叶桃、变叶木、银杏等。

观果类：为果实色泽美丽、经久不落或果形奇特、色形俱佳的园林植物。如佛手、石榴、山楂、金橘、五色椒等。

观芽类：以肥大而美丽的芽作为观赏部位的园林植物。如银芽柳、结香等。

观形类：以观赏植物的形状、姿态为主的园林植物。其树形、树姿或端庄，或高耸，或浑圆，或盘绕，或似游龙，或如伞盖。如雪松、龙爪槐、垂枝梅、龙游梅、黄山松、香樟、龙柏、银杏等。

（三）按园林用途分类

行道树：在道路或街道两旁成行栽植的树木。落叶或常绿乔木均可作为行道树，但必须具有根系发达、抗性强、主干直、分枝点高的特性。如香樟、悬铃木、银杏、栾树、七叶树等。

庭荫树：孤植或丛植在庭院、公园、广场或风景区内，以遮阴为主要目的的树种。如香樟、榕树、梧桐、榉树、鹅掌楸等。

花灌木：以观花为主要目的而栽植的灌木。如牡丹、月季、紫薇、紫荆、山茶、杜鹃等。

绿篱植物：在园林中成行密集种植，代替篱笆、围墙等，起隔离、防护和美化作用的耐修剪植物。如珊瑚树、大叶黄杨、红叶石楠、金叶女贞、海桐、瓜子黄杨、小蜡等。

垂直绿化植物：栽植藤本植物、攀缘植物，以达到立体绿化和美化的植物。如紫藤、凌霄、木香、爬山虎、金银花、常春藤等。

花坛植物：采用观花、观叶草本植物及低矮的灌木，栽植在花坛内组成各种图案，供游人观赏的植物。一般多选用植株低矮、生长整齐、花期集中、株形紧凑且花色艳丽的种类。如金盏菊、羽衣甘蓝、一串红、矮牵牛、三色堇、地肤等。

草坪和地被植物：用于覆盖裸地、林下、空地，可以起到防尘降温作用的低矮植物或草类。如蔓长春花、狗牙根、酢浆草、三叶草、二月兰（诸葛菜）、牛筋草、结缕草等。

室内装饰植物：种植在室内墙壁或柱上专门设置的栽植槽内的植物。如常春藤、绿萝、蕨类等。

造型、树桩盆景：造型是指经过人工整形修剪而制成各种物像的单株或绿篱。如罗汉松、六月雪、日本五针松、叶子花（三角花）等。树桩盆景是利用树桩在盆中再现大自然风貌或表达特定意境的艺术品。如五针松、枸骨、火棘、榔榆、雀梅、对节白蜡、榕树等。

片林：用乔木类做带状栽植在公园外围的隔离带，环抱的林带可组成一个封闭空间，稀疏的林带可供游人休息和游玩。如水杉、侧柏、红枫、香樟等。

第二节　园林植物的生长发育

一、园林植物的生命周期

园林植物不论是草本植物还是木本植物，其生命周期都是从种子发芽开始，经幼年期、青年期、壮年期、老年期直至衰老死亡。园林植物由于种类繁多，寿命差异很大。

下面分别就木本植物和草本植物两大类进行介绍。

（一）木本植物

园林树木在不同的生长发育时期，都有其不同的特点，对外界环境和栽培管理都有一定的要求，研究园林树木不同年龄时期的生长发育规律，采取相应的栽培措施，促进或控制各年龄时期的生长发育节律，可实现幼树适龄开花结实，延长盛花、盛果的观赏期，延缓树木衰老进程等园林树木栽培目的。根据实生园林树木生长过程的不同，可将其划分为以下时期。

种子期（胚胎期）：是从受精形成合子开始到种子萌发为止，是种子形成和以种子形态存在的一段时期。此时期一部分是在母体内，借助于母体形成的激素和其他复杂的代谢产物发育成胚，以后胚的发育和种子养分的积累则在自然成熟或贮藏过程中完成。种子期的长短因植物而异。有些园林树木种子成熟后，只要条件适宜就能萌发，如枇杷、蜡梅等。有些即使给予适宜的条件，也不能立即萌发，必须经过一段时间后才能萌发，如银杏、山植等。

幼年期：从种子萌发到植株第一次开花为幼年期。在这一时期树冠和根系的离心生长旺盛，光合作用面积迅速扩大，开始形成地上的树冠和骨干枝，逐步形成树体特有的结构、树高、冠幅，根系长度和根幅生长很快，同化物质积累增多，从形态和内部物质上为营养生长转向生殖生长做好了准备。有的植物幼年期仅1年，如月季、紫薇，而有的植物则要3～5年，如桃、杏、李，而银杏、云杉、冷杉却长达20～40年。总之，生长迅速的木本园林植物幼年期短，生长缓慢的则长。另外，幼年期树木遗传性尚未稳定，是定向育种的有利时期。

幼年期的长短，因树木种类、品种类型、环境条件和栽培技术而异。这一时期的栽培措施是加强土壤管理，充分供应水肥，促进营养器官健康而匀称地生长，轻修剪，多留枝条，使其根深叶茂，形成良好的树体结构，制造和积累大量的营养物质，为早见成效打下良好的基础。对于观花、观果树木则应促进其生殖生长，在定植初期的1～2年中，当新梢生长至一定长度后，可喷布适当的抑制剂，促进花芽的形成，达到缩短幼年期的目的。

青年期：从植株第一次开花到大量开花之前为青年期。青年期是离心生长最快的时期，开花结果数量逐年上升，但花和果实尚未达到本品种固有的标准性状。为了促进多开花结果，一要勤修剪，二要合理施肥。对于生长过旺的树木，应多施磷肥、钾肥，少施氮肥，并适当控水，也可以使用适量的化学抑制物质，以缓和营养生长。相反，对于过弱的树木，应增加肥水供应，促进树体生长。

壮年期：从植株大量开花结实时开始，到结实量大幅度下降、树冠外围小枝出现干枯时为止为壮年期，是观花、观果植物一生中最具观赏价值的时期。这一时期花果性状已经完全稳定，并充分反映出品种固有的性状。为了最大限度地延长壮年期，较长期地发挥观赏效益，要充分供应肥水，早施基肥，分期追肥，并且还要合理修剪，使生长、结果和花芽分化达到稳定平衡状态。剪除病虫枝、老弱枝、重叠枝、下垂枝和干枯枝，以改善树冠通风透光条件，同时，要切断部分骨干根，促进根系更新。

衰老死亡期：从骨干枝及骨干根逐步衰亡，生长显著减弱到植株死亡为止为衰老死亡期。这一时期，营养枝和结果母枝越来越少，植株生长势逐年下降，枝条细且生长量小，树体平衡遭到严重破坏，对不良环境抵抗力差，树皮剥落，病虫害严重，木质腐朽。花灌木需通过截枝或截干，刺激萌芽更新，或砍伐重新栽植，古树名木须采取复壮措施，尽可能延长其生命周期。

以上对实生园林树木的生长特性进行了分析。无性繁殖园林树木的生命周期除了没有种子期外，也可能没有幼年期或幼年期相对较短。因此，无性繁殖树木的生命周期可分为幼年期、青年期、壮年期和衰老死亡期四个时期，每一时期的特点及管理措施与实生园林树木相应的时期基本相同。

（二）草本植物

1.一、二年生草本植物

一、二年生草本植物的生命周期很短，仅1～2年的寿命，但其一生也必须经过以下4个生长发育阶段。

胚胎期：从卵细胞受精发育形成胚开始至种子发芽时为止。

幼苗期：从种子发芽开始至第一个花芽出现为止，一般为2～4个月。二年生草本花卉多数需要通过冬季低温，第二年春才能进入开花期，营养生长期内应精心管理，尽快达到一定的株高和株形，为开花打下基础。

成熟期：从植株大量开花到花量大量减少为止。这一时期植株大量开花，花色、花形最有代表性，是观赏盛期，自然花期为1～3个月。除了水肥管理外，对枝条摘心、扭梢，使其萌发更多的侧枝并开花，如一串红摘心1次可以延长开花期15天左右。

衰老死亡期：从开花量大量减少、种子逐渐成熟开始，到植株枯死为止。这时期是种子的收获期，应及时采收，以免散落。

2.多年生草本植物

多年生草本植物的生命周期与木本植物基本相同，只是其寿命只有10年左右，各生长发育阶段与木本植物相比相对短些。

植物各发育阶段是逐渐转化的，各时期之间无明显界限，各种植物由于遗传习性和生长环境的不同，各年龄阶段的长短不同。在栽培过程中，可通过合理的栽培措施，在一定程度上加速或延缓下一阶段的到来。

二、园林植物的年生长周期

园林植物的年生长周期（简称"年周期"）是指园林植物在一年中随着环境条件特别是气候的季节变化，在形态上和生理上产生与之相适应的生长和发育的规律性变化，如萌芽、抽枝、开花、结实、落叶、休眠等，也称为物候或物候现象。年周期是生命周期的组成部分，栽培管理年工作月历的制定是以植物的年生长发育规律为基础的。因此，研究园林植物的年生长发育规律对植物造景和防护设计及制定不同季节的栽培管理技术措施具有十分重要的意义。

植物年生长周期性的变化，源于一年中气候的规律性变化。温带地区四季气候变化明显，由春至冬，气温由低到高，再由高到低。生长在这种气温下的植物，其生长呈现出明显的节律性变化，即冬季和早春植物处于休眠状态，其余时间则呈现出生长状态。

在赤道附近的树木，由于无四季气候变化，全年均可生长，无休眠期，但也有生长节奏表现。在离赤道稍远的雨林地区，因有明显的干湿季，多数树木在雨季生长和开花，在干季因高温干旱落叶，被迫休眠。热带高海拔地区的常绿阔叶树，也受低温的影响而被迫休眠。

以下主要介绍温带地区植物的年生长周期及其特点。

（一）落叶树木的年周期

温带地区的气候在一年中有明显的四季，因此温带落叶树木的年周期最为明显，可分为生长期和休眠期，在生长期和休眠期之间又各有一个过渡期，即生长转入休眠期和休眠转入生长期。

休眠转入生长期：这一时期处于树木将要萌芽前，即当日平均气温稳定在5℃以上至芽膨大待萌发时止。通常是以芽的萌动、芽鳞片的开绽作为树木解除休眠的形态标志，实质上应该是树液开始流动这一生理活动现象才是真正解除休眠的开始。树木从休眠转入生长，要求一定的温度、水分和营养物质。不同的树种，对温度的反应和要求不一样。北方树种芽膨大所需的温度较低，当日平均气温稳定在3℃以上时，经一定时期，达到一定的积温即可，原产于温暖地区的树木，其芽膨大所需积温较高，花芽膨大所需积温比叶芽低。树体贮存养分充足时，芽膨大较早且整齐，进入生长期也快。

解除休眠后，树木抗冻能力明显降低，如遇突然降温，萌动的花芽和枝干易受冻害。早春气候干旱时应及早浇灌，否则，土壤持水量较低时，易发生枯枝现象。当浇水过多时，也会影响地温的上升而导致发芽推迟。发芽前浇水配合施以氮肥可以弥补树体贮藏养分的不足而促进萌芽和生长。

生长期：从树木萌芽生长到落叶为止，包括整个生长季，是树木年周期中时间最长的一个时期。在此期间，树木随季节变化、气温升高会发生一系列极为明显的生命活动现象，如萌芽、抽枝、展叶或开花、结实等。

萌芽常作为树木开始生长的标志，其实根的生长比萌芽要早。不同树木在不同条件下每年萌芽次数不同，其中以越冬后的萌芽最为整齐，这与上一年积累的营养物质的贮藏和转化有关，其为萌芽做了充分的准备。

每种树木在生长期中，都按其固定的物候顺序通过一系列生命活动。有的先萌花芽，而后展叶，也有的先萌叶芽，抽枝展叶，而后形成花芽并开花。树木各物候期的开始、结束和持续时间的长短，也因树种和品种、环境条件和栽培技术而异。

生长期是各种树木营养生长和生殖生长的主要时期。这个时期不仅能体现出树木当年的生长发育、开花结实的情况，也对树体养分的贮存和下一年的生长等各种生命活动有重要的影响，同时也是发挥其绿化功能作用的重要时期。因此，在栽培上，生长期是养护管理工作的重点。应该创造良好的环境条件，满足肥水的要求，以促进树体的良好生长。

生长转入休眠期：秋季叶片自然脱落是落叶树进入休眠的重要标志。在正常落叶前，新梢必须经过组织成熟过程才能顺利越冬，早在新梢开始自上而下加粗生长时，就逐渐开始木质化，并在组织内贮藏营养物质。新梢停止生长后这种积累过程继续加强，同时有利于花芽的分化和枝干的加粗等。结有果实的树木，在采、落成熟果实后，养分积累更为突出，一直持续到落叶前。

秋季日照变短是导致树木落叶进入休眠期的主要因素，气温的降低加速了这一过程的进展。树木开始进入此期后，由于枝条形成了顶芽，结束了伸长生长，依靠生长期形成的大量叶片，在秋高气爽、温湿条件适宜、光照充足的环境中进行旺盛的光合作用，合成光合养料，供给器官分化、成熟的需要，使枝条木质化，并将养分向贮藏器官或根部输送，进行养分的积累和贮藏。此时树体内细胞液浓度提高，树体内水分逐渐减少，提高了树体的越冬能力，为休眠和来年生长创造条件。过早落叶，生长期相对缩短，不利于养分积累和组织成熟。干旱、水涝、病虫害都会造成树木早期落叶，甚至会引起再次生长，危害很大。该落不落，说明树木未做好越冬准备，易发生冻害和枯梢。在栽培中应防止这类现象发生。但个别秋色叶树种，为延长观赏期而使之延迟落叶，则另当别论。

不同树龄的树木进入休眠的早晚不同，一般幼年树晚于成年树，同一树体的不同器官和组织，进入休眠的早晚也不同。一般小枝、细弱短枝、早期形成的芽进入休眠早，地上部分主枝、主干进入休眠较晚，而以根颈最晚，故最易受冻害。生产上常用根颈培土的办法来防止冻害。

刚进入休眠的树木，处在浅休眠状态，耐寒力还不强，如初冬间断回暖会使休眠逆转，而使越冬芽萌动（如月季），又遇突然降温常遭受冻害，所以这类树木不宜过早修剪，在进入休眠期前也要控制浇水。

休眠期：秋末冬初落叶树木正常落叶后到翌年开春树液开始流动前为止，是落叶树木的休眠期。局部的枝芽休眠则更早出现。在树木休眠期内，虽然没有明显的生长现象，但树体内仍然进行着各种生命活动，如呼吸、蒸腾、芽的分化、根的吸收、养分合成和转化等。这些活动只是进行得较微弱和缓慢，所以确切地说，休眠只是个相对概念。

落叶休眠是温带树种在进化过程中对冬季低温环境所形成的一种适应性。它能使树木安全度过低温、干旱等不良条件，以保证下一年能进行正常的生命活动并使生命得到延续。如果没有这种特性，正在生长着的幼嫩组织就会受早霜的危害，并难以越冬而死亡。

（二）常绿树的年周期

常绿树并不是树上全部叶片全年不落，而是叶的寿命相对较长，多在1年以上。常绿树没有集中明显的落叶期，每年仅有一部分老叶脱落并能不断增生新叶，其在全年各个时期都有大量新叶保持在树冠上，使树木保持常绿。在常绿针叶树类中，松属的针叶可存活

2～5年，冷杉叶可存活3～10年，紫杉叶甚至可存活6～10年，它们的老叶多在冬春间脱落，刮风天尤甚。常绿阔叶树的老叶多在萌芽展叶前后逐渐脱落。热带、亚热带的常绿阔叶树木各器官的物候动态表现极为复杂，各种树木的物候差别很大，难以归纳，如马尾松分布的南温带，一年抽2～3次新梢，而在北温带则只抽1次新梢。幼龄油茶一年可抽春、夏、秋梢，而成年油茶一般只抽春梢。又如柑橘类的物候，一年中可多次抽生新梢（春梢、夏梢、秋梢），各梢间有一定的间隔。有的树种一年可多次开花结果，如柠檬、四季橘等；有的树种果实生长期很长，如伏令夏橙春季开花，到第二年春末果实才成熟。

（三）草本植物的年周期

草本植物种类繁多，原产地立地条件各不相同，因此年周期的变化也不相同。一年生草本植物的年周期与生命周期相同，短暂而简单。二年生草本植物秋季萌发后，以幼苗状态越冬，到第二年春季开花、结实，然后干枯死亡。多年生草本植物能存活两年以上，有些植物地下部分为多年生，地上部分每年死亡，如荷花、仙客来、水仙、郁金香、大丽菊、百合等。也有的地上部分和地下部分均存活多年，如万年青、麦冬、沿阶草等。

三、园林树木的枝芽特性与树形

园林树木的树体枝干系统及所形成的树形决定于各树种的枝芽特性。而了解和掌握树木枝条与树体骨架形成的过程和基本规律，则是做好树木整形修剪和树形维护的基础。

（一）枝芽特性

芽序：芽在枝条上按一定规律排列的顺序性称为芽序。因为大多数的芽都着生在叶腋间，所以芽序与叶序基本一致。芽序可分为互生芽序、对生芽序和轮生芽序。有的树木的芽序也因枝条类型、树龄和生长势有所变化。

芽的异质性：在芽的形成过程中，由于内部营养状况和外界环境条件的不同，会使处在同一枝上不同部位的芽的大小和饱满程度产生较大差异，这种现象称为芽的异质性。枝条基部的芽在展叶时形成，由于这一时期叶面积小、气温低，芽一般比较瘦小，且常成为隐芽。此后，随着气温的升高，枝条叶面积增大，光合效率提高，芽的质量逐步提高，到枝条进入缓慢生长期后，叶片累积的养分能充分供应芽的发育，形成充实饱满的芽。但如果长枝生长延迟至秋后，由于气温降低，梢端往往不能形成新芽，所以一般长枝条的基部和顶端部分或秋梢上的芽质量较差。

芽的早熟性和晚熟性：有些树木的芽须经过一定的低温时期解除休眠，到第二年春季才能萌发，称为晚熟性芽。如紫叶李、苹果、梨、樱花等。而另一些树木在生长季节早期形成的芽当年就能萌发，如月季等，有的多达2～4次，具有这种特性的芽称早熟性芽，这类树木成形快，有的当年即可形成小树的样子。其中也有些树木，芽虽具早熟性，但不受刺激一般不萌发。人为修剪、摘叶等措施可促进芽的萌发。

许多树木枝条基部的芽或上部的副芽，一般情况下不萌发而呈潜伏状态，称隐芽或潜伏芽。当枝条受到某种程度的刺激，如上部或近旁枝条受伤，或树冠外围枝出现衰弱时，潜伏芽可以萌发新梢。有的树种有较多的潜伏芽，而且潜伏寿命较长，有利于树冠的更新和复壮。树木移植时采用截枝方法减少树冠蒸腾提高成活率，就是基于树木的这一特性。

萌芽力及成枝力：生长枝上的叶芽能萌发的能力叫萌芽力。一枝上萌芽数多的称萌芽力强，反之则弱。萌芽力的强弱程度一般以萌发的芽数占总芽数的百分率来表示。生长枝上的芽，不仅萌发，还有能抽成长枝的能力，称为成枝力。抽长枝多的则成枝力强，反之则弱。在调查时一般以具体成枝数或以长枝占芽数的百分率表示成枝力。

萌芽力和成枝力因树种、品种、树龄、树势而不同，同一树种不同品种萌芽力强弱不同。有些树木的萌芽力和成枝力均强，如杨属的多数种类，柳、白蜡、卫矛、紫薇、女贞、黄杨、桃等容易形成枝条密集的树冠，耐修剪，易成形。有些树木的萌芽力和成枝力较弱，如松类和杉类的多数树种，以及梧桐、楸树、梓树、银杏等，枝条受损后不容易恢复，树形的塑造也比较困难，要特别保护苗木的枝条和芽。一般萌芽力和成枝力都强的品种枝条过密，修剪时应多疏少截，防止郁闭。萌芽力强、成枝力弱的品种，易形成中短枝，但枝量少，应注意适当短截，促其发枝。

芽的潜伏力：树木进入衰老期后，由潜伏芽（即隐芽）发生新梢的能力称为芽的潜伏力，芽潜伏力强的树木，枝条恢复能力强，容易进行树冠的复壮更新，如悬铃木、月季、女贞等。芽的潜伏力受营养条件和栽培管理的影响，条件好则潜伏力强。

（二）茎枝特性

树木的顶端优势：树木顶端的芽或枝条的生长比其他部分占有优势的现象称为枝条的顶端优势。许多园林树木都具有明显的顶端优势，它是保持树木具有高大挺拔的树干和树形的生理基础。灌木树种的顶端优势就要弱得多，但无论乔木或灌木，不同树种的顶端优势的强弱相差很大，要在园林树木养护中达到理想的栽培目的，在园林树木整形修剪中有的放矢，必须了解与运用树木的顶端优势。对于顶端优势比较强的树种，抑制顶梢的顶端优势可以促进若干侧枝的生长；而对于顶端优势很弱的树种，可以通过对侧枝的修剪来促进顶梢的生长。一般来说，顶端优势强的树种容易形成高大挺拔和较狭窄的树冠，而顶端优势弱的树种容易形成广阔圆形树冠。有些针叶树的顶端优势极强，如松类和杉类。当顶梢受到损害，侧枝很难代替主梢的位置，会影响冠形的培养。因此，要根据不同树种顶端优势的差异，通过科学管理及合理修剪来培养良好的树干和树冠形态。

树木的分枝方式：园林树木由于遗传习性、芽的性质及活动状况的不同，形成不同的分枝方式，分为以下几种类型。

总状分枝（单轴分枝）：这类树木顶芽优势极强，生长势旺，每年能向上继续生长，从而形成高大通直的树干。大多数针叶树种属于这种分枝方式，如雪松、圆柏、龙柏、罗汉松、水杉、黑松等。阔叶树中属于这一分枝方式的大都在幼年期表现突出，如杨树、栎、七叶树、薄壳山核桃等。但因它们在自然生长情况下，维持中心主枝顶端优势年限较短，侧枝相对生长较旺，而形成庞大的树冠。因此，总状分枝在成年阔叶树中表现得不明显。

合轴分枝：枝条的顶芽经过一段时间生长后，先端分化成花芽或自枯，而由邻近的侧芽代替延长生长，每年如此，循环往复。这种主干是由许多腋芽伸展发育而成。该类树木树冠开展，侧枝粗壮，整个树冠枝叶繁密，通风透光，园林中大多数树种属于这一类，且大部分为阔叶树，如白榆、刺槐、悬铃木、榉树、柳树、樟树、杜仲、槐树、香椿、石楠、苹果、梨、桃、梅、杏、樱花等。

假二叉分枝：有些具对生叶（芽）的树种顶梢在生长期末不能形成顶芽，下面的侧芽萌发抽生的枝条，长势均衡，向相对侧向分生侧枝的生长方式，实际上是合轴分枝的一种变化，这类树种有泡桐、黄金树、梓树、楸树、丁香、女贞、卫矛和桂花等。

有些树木，在同一植物上有两种不同的分枝方式。如杜英、玉兰、木莲、木棉等，既有单轴分枝，又有合轴分枝。女贞，既有单轴分枝，又有假二叉分枝。很多树木，在幼苗期为单轴分枝，长到一定时期以后变为合轴分枝。

茎枝的生长类型：树木茎干的生长方向与根相反，多数是背地性的。除主干延长枝、突发性徒长枝呈垂直向上生长外，多数因不同枝条对空间和光照的竞争而呈斜向生长，也有向水平方向生长的。依树木茎枝的伸展方向和形态可分为以下四种生长类型。

直立生长：茎干以明显的背地性垂直于地面生长，处于直立或斜生状态。枝条直立生长的程度，因树种特性、营养状况、光照条件、空间大小、机械阻挡等不同情况而异，从总体上可分为垂直型、斜生型、水平型、扭转型等。

下垂生长：这种类型的枝条生长有十分明显的向地性，当芽萌发呈水平或斜向伸出以后，随着枝条的生长而逐渐向下弯曲，有些树种甚至在幼年时都难以形成直立的主干，必须通过高接才能直立。这类树种容易形成伞形树冠，如垂柳、柏木、龙爪槐、垂枝三角枫、垂枝樱、垂枝榆等。

攀缘生长：茎长得细长柔软，自身不能直立，必须缠绕或附有适应攀附他物的器官——卷须、吸盘、吸附气根、钩刺等，借他物支撑，向上生长。一般称为攀缘植物，也称为藤本植物。茎能缠绕者，如紫藤、金银花等；具卷须者，如葡萄等；具吸盘者，如地锦类；具吸附气根者，如凌霄类等；具钩刺者，如蔷薇类等；铁线莲类则以叶柄卷络他物。

匍匐生长：茎蔓细长不能直立，又无攀附器官，常匍匐于地生长。这种生长类型的树木，在园林中常用作地被植物，如铺地柏等。

树木的层性与干性：层性是指中心干上主枝分层排列的明显程度，层性是顶端优势和芽的异质性共同作用的结果。有些树种的层性一开始就很明显，如油松等。而有些树种则随年龄增大，弱枝衰亡，层性逐渐明显，如雪松、马尾松、苹果、梨等。具有明显层性的树冠，有利于通风透气。层性能随中心主枝生长优势保持年代长短而变化。干性指树木中心干的长势强弱和维持时间的长短。凡中心干（枝）明显、能长期保持优势生长者"干性强"，反之"干性弱"。

不同树种的层性和干性强弱不同。凡是顶芽及其附近数芽发育特别良好、顶端优势强的树种，层性、干性就明显。裸子植物的银杏、松、杉类干性很强，层性也较强。柑橘、桃等由于顶端优势弱，层性与干性均不明显。干性强弱是构成树干骨架的重要生物学依据，对研究园林树形及其演变和整形修剪有重要意义。

四、园林植物各器官的生长发育

（一）根系的生长

根系在一年的生长过程中一般都表现出一定的周期性，其生长周期与地上部分不同，但与地上部分的生长密切相关，二者往往呈现出交错生长的特点，而且不同树种的表现也有所不同。一般来说，根系生长所要求的温度比地上部分萌芽所要求的温度低，因此春季根系开始生长，比地上部分早。有些亚热带树木的根系活动要求温度较高，如果引种到温带冬春较寒冷的地区，由于春季气温上升快，地温的上升还不能满足植物根系生长的要求，也会出现先萌芽后发根的情况，出现这种情况不利于植物的整体生长发育，有时还会因地上部分活动强烈而地下部分的吸收功能不足导致植物死亡。

树木的根一般在春季开始生长后即进入第一个生长高峰，此时根系生长的长度和发根数量与上一生长季节树体贮藏的营养物质水平有关，如果在上一生长季节中树木的生长状况良好，树体贮藏的营养物质丰富，根系的生长量就大，吸收功能增强，地上部分的前期生长也好。在根系开始生长一段时间后，地上部分开始生长，而根系生长逐步趋于缓慢，此时地上部分的生长出现高峰。当地上部分生长趋于缓慢时，根系生长又会出现一个大的高峰期，即生长速度快、发根数量大，这次生长高峰过后，在树木落叶后还可能出现一个小的根系生长高峰。

一年中，树木根系生长出现高峰的次数和强度与树种和年龄有关，根在年周期中的生长动态还受当年地上部分生长和结实状况的影响，同时还与土壤温度、水分、通气及营养状况密切相关。因此，树木根系年生长过程中表现出高峰和低谷交替出现的现象，是上述因素综合作用的结果，只是在一定时期内某个因素起着主导作用。

树体有机养分和内源激素的积累状况是影响树木根系生长的内因，而土壤温度和土壤水分等环境条件是影响根系生长的外因。夏季高温干旱和冬季低温都会使根系生长受到抑制，使根系生长出现低谷。而在整个冬季，虽然树木枝芽已经进入休眠状态，但根系却并未停止活动。另外，在生长季节内，根系生长也有昼夜动态变化节律，许多树木的根系夜间生长量和发根量都多于白天。

在树木根系的整个生命周期中，幼年期根系生长快，其生长速度一般都超过地上部分，但随着年龄的增加，根系生长速度趋于缓慢，并逐渐与地上部分的生长形成一定的比例关系。另外，根系生长过程中始终有局部自疏和更新的现象，从根系生长开始一段时间后就会出现吸收根的死亡现象，吸收根逐渐木栓化，外表变为褐色，逐渐失去吸收功能。有的轴根演变成起输导作用的输导根，有的则死亡。须根自身也有一个小周期，其更新速度更快，从形成到壮大直至死亡一般只有数年的寿命。须根的死亡，起初发生在低级次的骨干根上，其后在高级次的骨干根上，以至于较粗的骨干根后部几乎没有须根。

根系的生长发育很大程度上受土壤环境的影响，还与地上部分的生长有关。在根系生长达到最大根幅后，也会发生向心更新。另外，由于受土壤环境的影响，根系的更新不那么规则，常出现大根季节性间歇死亡，随着树体的衰老，根幅逐渐缩小。有些树种，进入老年后发生水平根基部的隆起。

当树木衰老，地上部分濒于死亡时，根系仍能保持一段时期的寿命。利用根的这种特性，可以进行部分老树复壮工程。

（二）枝的生长

树木每年都通过新梢生长来不断扩大树冠，新梢生长包括加长生长和加粗生长两种方式。一年内枝条生长增加的粗度与长度，称为年生长量。在一定时间内，枝条加长和加粗生长的快慢称为生长势。生长量和生长势是衡量树木生长状况的常用指标，也是评价栽培措施是否合理的依据之一。

1.枝条的加长生长

枝条的加长生长一般是通过枝条顶端分生组织细胞群的细胞分裂伸长而实现的。加长生长的细胞分裂只发生在顶端，伸长则延续至几个节间。随着距顶端距离的增加，伸长逐渐减缓。新梢的加长生长并不是匀速的，一般都会表现出"慢—快—慢"的生长规律。多数树种的新梢生长可划分为以下三个时期。

开始生长期：叶芽幼叶伸出芽外，随之节间伸长，幼叶分离。此期的新梢生长主要依据树体在上一生长季节贮藏的营养物质，新梢生长速度慢，节间较短，叶片由前期形成的芽内幼叶原始体发育而成，其叶面积较小，叶形与后期叶有一定的差别，叶的寿命也较短，叶腋内的侧芽发育也较差，常成为潜伏芽。

旺盛生长期：从开始生长期之后，随着叶片的增加和叶面积的增大，枝条很快进入旺盛生长期。此期形成的枝条，节间逐渐变长，叶片的形态也具有了该树种的典型特征，叶片较大，寿命长，叶绿素含量高，同化能力强，侧芽较饱满，此期的枝条生长由利用贮藏物质转为利用当年的同化物质。因此，上一生长季节的营养贮藏水平和本期肥水供应对新梢生长势的强弱有决定性影响。

停止生长期：旺盛生长期过后，新梢生长量减小，生长速度变缓，节间缩短，新生叶片变小。新梢从基部开始逐渐木质化，最后形成顶芽或顶端枯死而停止生长。枝条停止生长的早晚与树种、部位及环境条件关系密切。一般来说，北方树种早于南方树种，成年树木早于幼年树木，观花和观果树木的短果枝或花束状果枝早于营养枝，树冠内部枝条早于树冠外围枝，有些徒长枝甚至会因没有停止生长而受冻害。土壤养分缺乏、透气不良、干旱等不利环境条件都能使枝条提前 1 ~ 2 个月结束生长，而氮肥施用量过大、灌水过多或降水过多均能延长枝条的生长期。在栽培中，应根据园林树木培育的目的合理调节光、温、肥、水来控制新梢的生长时期和生长量，并加以合理的修剪来促进或控制枝条的生长。

2.枝的加粗生长

树干及各级枝的加粗生长都是形成层细胞分裂、生长、分化的结果。在新梢加长生长的同时，也进行加粗生长，但加粗生长高峰稍晚于加长生长，停止也较晚。新梢生长越旺盛，形成层活动也越强烈，持续时间也越长。秋季由于叶片积累大量光合产物，因而枝干明显加粗。一般幼树加粗生长持续时间比老树长，同一树体上新梢加粗生长的开始期和结束期都比老枝早，而大枝和主干的加粗生长从上到下逐渐停止，以根茎结束最晚。

（三）叶和叶幕的形成

叶片是由叶芽中前一年形成的叶原基发展起来的，其发育自叶原基出现以后，经过叶片、叶柄（或托叶）的分化，直到叶片的展叶和叶片停止增长为止，构成了叶片的整个发育过程。其大小与前一年或前一生长时期形成叶原基时的树体营养状况和当年叶片生长条件有关。

树木叶片具有相对稳定性，但是栽培措施和环境条件对叶片的发育，特别是对叶片的大小有明显影响。叶的大小和厚度及营养物质的含量在一定程度上反映了树木发育的状况。在肥水不足、管理粗放的条件下，一般叶小而薄，营养元素的含量低，叶片的光合效能差。在肥水过多的情况下，叶片大，植株趋于徒长。叶片营养物质含量的多少，常作为叶分析营养诊断的基础。

不同叶龄的叶片在形态和功能上差别明显，幼嫩叶片的叶肉组织量少，叶绿素浓度低，光合功能较弱，随着叶龄的增大，单叶面积增大，生理活性增强，光合效能大大提高，直到达到成熟并持续相当时间后，叶片会逐步衰老，各种功能也会逐步衰退。

叶幕是指树冠内叶片集中分布的区域，它是树冠叶面积总量的反映。随树龄、整形、栽培的目的与方式的不同，园林树木叶幕形态和体积也不相同。幼树时期，由于分枝尚少，树冠内部的小枝多，树冠内外都能见光，叶片分布均匀，树冠形状和体积与叶幕形状和体积基本一致。无中心主干的成年树，其叶幕与树冠体积不一致，小枝和叶多集中分布在树冠表面，叶幕往往仅限于树冠表面较薄的一层，多呈弯月形叶幕。有中心主干的成年树树冠多呈圆头形，到老年多呈钟形叶幕。落叶树木叶幕在年周期中有明显的季节变化，也常表现慢—快—慢这种"S"形曲线式生长过程。

落叶树木的叶幕，从春天发叶到秋天落叶，大致能保持5～10个月的生活期。而常绿树木，由于叶片生存期长，多半可达一年以上，而且老叶多在新叶形成之后脱落，叶幕比较稳定。

（四）花芽分化和开花

1.花芽分化

生长点由叶芽状态开始向花芽状态转变的过程，称为花芽分化。花芽分化是开花结实的基础，是具备一定年龄的植物由营养生长转向生殖生长的生理和形态指标。在自然状态下，成花诱导主要受低温和光周期的影响。通常一、二年生的草花，如三色堇、紫罗兰等，成花诱导既需低温又需长日照。多年生花木月季、紫薇等，其花芽分化多在夏季长日照及高温下于新梢上发生。夏季休眠的球根花卉，如郁金香、水仙、风信子等，当营养体达到一定大小时，在高温下分化花芽。许多秋、冬季开花的草本、木本花卉，其花芽分化需在短日照条件下，如一品红、菊花等。

花芽分化开始时期和延续时间的长短，以及对环境条件的要求因植物种类（品种）、地区、年龄等而异。根据不同植物花芽分化的特点，可以分为夏秋分化型、冬春分化型、当年分化型、多次分化型和不定期分化型五种类型。

夏秋分化型：绝大多数早春和春夏开花的观花植物，如海棠、榆叶梅、樱花、迎春、连翘、玉兰、紫藤、丁香、牡丹、杨梅、山茶（春季开花的）、杜鹃等，属于夏秋分化型。其花芽在前一年夏秋（6—8月）开始分化，并延续至9—10月才完成花器主要部分的分化。此类植物花芽的进一步分化与完善还须经过一段低温，直到第二年春天才能进一步完成性器官的分化。夏季休眠分化花芽的秋植球根花卉和夏季生长期分化花芽的春植球根花卉也属于此类型。

冬春分化型：原产于亚热带、热带地区的某些植物，一般秋梢停止生长后至第二年春季萌芽前，即于11月至次年4月中完成花芽的分化。如柑橘类的柑和橘常从12月至次春3

月分化花芽，其分化时间较短并连续进行。另外一些二年生花卉和春季开花的宿根花卉也在冬春季温度较低时进行花芽分化。

当年分化型：许多夏秋开花的植物，如木槿、槐、紫薇、珍珠梅、荆条，及夏秋开花的一年生及宿根花卉，如鸡冠花、翠菊、萱草等，不需要经过低温阶段即可完成花芽分化。

多次分化型：在一年中能多次抽梢，每抽一次梢就分化一次花芽并开花的植物属于多次分化型。如茉莉花、月季、葡萄、无花果、金柑和柠檬等。其中一些一年生花卉，只要营养体达到一定大小，即可在夏季气温较高的较长时间内多次形成花蕾和开花。开花早晚由所在地区及播种出苗期等确定。

不定期分化型：这种类型每年不定期一次分化花芽，达到一定叶面积即可开花。主要取决于个体养分的积累，如凤梨科、芭蕉科、棕榈科的某些植物种类。

2.开花

花粉粒和胚囊发育成熟，花被展开，雌雄蕊裸露的现象称为开花。不同植物开花顺序、开花时期有很大差异。

（1）开花顺序

不同树种开花先后不同。同一地区不同植物在一年中的开花时间早晚不同，除特殊小气候环境外，各种植物每年的开花先后有一定顺序。如在北京地区常见树木的开花顺序为银芽柳、毛白杨、榆、山桃、玉兰、加杨、小叶杨、杏、桃、绦柳、紫丁香、紫荆、核（胡）桃、牡丹、白蜡、苹果、桑、紫藤、构树、栓皮栎、刺槐、苦楝、枣、板栗、合欢、梧桐、木槿、国槐等。

同一植物不同品种开花早晚不同。同一地区同种植物的不同品种之间，开花时间也有一定的差别，并表现出一定的顺序。如在北京地区，碧桃的"早花白碧桃"于3月上旬开花，而"亮碧桃"则要到3月下旬开花。有些品种较多的观花树种，可按花期的早晚分为早花、中花和晚花三类，在园林植物栽培和应用中也可以利用其花期的不同，通过合理配置来延长和改善其美化效果。

同株植物不同部位枝条或花序的开花先后不同。同一植株个体上不同部位的开花早晚有所不同，一般是短花枝先开，长花枝和腋花芽后开。向阳面比背阴面的外围枝先开。同一花序的不同植物开花早晚也可能不同，具伞形花序的苹果，其中心花先开，而同具伞形花序的梨，则边花先开。这些特性多数是有利于延长花期的，掌握这些特性也可以在园林植物栽培和应用中提高其美化效果。

（2）开花类型

植物在开花与展叶的时间顺序上也常常表现出不同的特点，常分为先花后叶型、花叶同放型和先叶后花型三种类型。在园林植物配置和应用中了解树木的开花类型，通过合理配置，可提高绿化美化效果。

先花后叶型：此类植物在春季萌动前已完成花器分化。花芽萌动不久即开花，先开花后展叶。如银芽柳、迎春花、连翘、桃、梅、杏、李、紫荆等，有些能形成一定繁花的景观，如白玉兰、山桃花等。

花叶同放型：此类植物开花和展叶几乎同时进行，花器也是在萌芽前已完成分化，开花时间比前一类稍晚。如先花后叶类中的桃与紫藤中的某些开花晚的品种与类型。多数能在短枝上形成混合芽的树种也属此类，如苹果、海棠、核桃等，混合芽虽先抽枝展叶而后开花，但多数短枝抽生时间短，很快见花。

先叶后花型：此类树木多数是在当年生长的新梢上形成花器并完成分化，萌芽要求的气温高，一般于夏秋开花，是树木中开花最迟的一类。如木槿、紫薇、凌霄、国槐、桂花、珍珠梅等。有些甚至能延迟到晚秋，如枇杷、茶树等。

（3）花期

花期即开花时期的延续时间。花期的长短受植物种类、品种、外界环境及植株营养状况的影响，为了合理配置和科学管护，提高美化效果，应了解不同园林植物的花期。

不同植物的花期不同。由于园林植物种类繁多，几乎包括各种花器分化类型的树木，加上同种花木品种多样，在同一地区，树木花期延续时间差别很大，从1周到数月不等。在杭州地区，开花时间短的约6～7天（白丁香为6天，金桂、银桂为7天），开花长的可达100～240天（茉莉可开112天，六月雪可开117天，月季最长可开240天左右）。在北京地区，开花短的只有7～8天（如山桃、玉兰、榆叶梅等），开花时间长的可达60～131天（如木槿可开60天，紫薇可开70天以上，珍珠梅可开131天）。

具有不同开花时期的植物花期的长短也不同，早春开花的多在秋冬季节完成花芽分化，到春天一旦温度合适就陆续开花，一般花期相对短而开花整齐。而夏季和秋季开花的，花芽多在当年生枝上分化，分化早晚不一致，开花时间也不一致，加上个体间的差异其花期持续时间较长。

年龄不同、植株营养不同的植物花期不同。同种植物，青壮年植株比衰老植株花期长而整齐，植物营养状况好，花期延续时间长。

天气状况不同，花期长短不同。花期遇冷凉潮湿天气时则延长，而遇到干旱高温天气时则缩短。在不同小气候条件下，花期长短不同。如在树荫下、大树北面和楼房等建筑物背后生长的植物花期长，但由于这些原因而延长花期时，花的质量往往受到影响。

花期的提前与错后一般可通过调节环境温度和阻滞植物体升温加以控制。对于盆栽花木，可根据树种种类、品种习性，采用适当遮光、降低温度、增加湿度等方式延长花期。

（五）果实的生长发育

园林植物栽培中也会栽植许多观果类植物，主要是因为果的"奇"（奇特、奇趣）、"丰"（给人以丰收的景象）、"巨"（果大使人感到惊异）和"色"（果色多样而艳丽）能提高植物的观赏和美化价值。

园林植物果实的生长发育是指从花谢后子房开始膨大到果实完全成熟为止。各类果实生长发育所需时间长短不一。松柏类球果，第一年受精，第二年才发育成熟，历时一年以上。杨、柳、榆等果实从受精至果熟仅需数十天，在当年夏季即可采收。果熟期的长短同样受自然条件的影响——高温干燥，果熟期缩短；低温潮湿，果熟期延长。山地条件、排水好的地方果熟期早。而果实外表受伤或被虫蛀食后成熟期也会提早。

五、园林植物各器官生长发育的相关性

园林植物是统一的生物有机体，在其生长发育的过程中，各器官和组织的形成及生长表现为相互促进或相互抑制的现象，称为相关性。

（一）地上部分和地下部分的相关性

"根深叶茂，本固枝荣。"这句话充分说明了树木地上部分树冠的枝叶和地下部分根系之间相互联系和相互影响的辩证统一关系。枝叶的主要功能是制造有机营养物质，为植物各部分的生长发育提供能源。枝叶在生命活动和完成其生理功能的过程中，需要大量的水分和营养元素，必须借助于根系的强大吸收功能。根系发达而且生理活动旺盛，可以有效地促进地上部分枝叶的生长发育。同样，根系的良好生长，必须依靠叶片的光合作用来提供有机营养与能源，繁茂的枝叶可以促进根系的生长发育，增强根系的吸收功能。当枝叶受到严重的病虫危害后，光合作用功能下降，根系得不到充分的营养供应，根系的生长和吸收活动就会减弱，从而影响到枝叶的光合作用，使树木的生长势衰弱。另外，根系生长所需要的维生素、生长素是靠地上部分合成后向下运供应的，而叶片生长所需要的细胞分裂素等物质，又是在根内合成后向上运供应的。

地上部分与地下部分的相对生长强度，通常用根冠比来表示。土壤比较干旱、氮肥少、光照强的条件下，根系的生长量大于地上部分枝叶的生长量，根冠比大；反之，土壤湿润、氮肥多、光照弱、温度高的条件下，地上枝叶生长量高于地下根系生长量，根冠比小。

（二）营养器官和生殖器官的相关性

植物的营养器官和生殖器官虽然在生理功能上有区别，但它们的形成都需要大量的光

合产物，生殖器官所需的营养物质是由营养器官供给的，良好的营养生长是生殖器官正常生长发育的基础。通常两者的生长是协调的，但有时会因养分的争夺，造成生长和生殖的矛盾。

一般情况下，当植株进入生殖生长占优势时，营养体的养分便集中供应生殖器官。一次开花的植物，当开花结实后，其枝叶因养分耗尽而枯死；多次开花的植物，开花结实期枝叶生长受抑制，当花果发育结束后，枝叶恢复生长。

在肥水供应不足的情况下，枝叶生长不良，而使开花结实量少或不良，或是引起树势衰弱，造成植株过早进入生殖阶段，开花结实提早。当水分和氮肥供应过多时，不仅会造成枝叶徒长，而且会由于枝叶旺长消耗大量营养物质而使生殖器官生长得不到充足的养分，出现花芽分化不良、开花迟、落花落果或果实不能充分发育等问题。栽培上一般利用控制水肥、合理修剪、抹芽或疏花及疏果等措施，来调节营养生长和生殖生长发育的关系。

（三）极性与顶端优势

极性是指植物体或其离体部分的两端具有不同生理特性的现象。根部从形态学下端长出，而新梢从形态学上端长出。极性现象的产生是因为生长素的极性运输，生长素的向下极性运输使茎的下端积累了较多的生长素，有利于根的形成，而生长素浓度较低的形态学上端则长出芽来。因此，在生产上进行打插繁殖时，应避免倒插，以便新根能在土中生长，而新梢能顺利地伸长，进行光合作用，促进插条成活。

顶端优势的产生也与生长素的极性运输有关。顶端形成的生长素向下运输，从而使侧芽附近的生长素浓度加大，抑制侧芽的生长。去除顶芽，则促进侧芽的生长。

第三节 园林植物与环境

环境是指植物生存地点周围一切空间因素的总和，是植物生存的基本条件。任何植物都是在自身的遗传与环境的统一下来完成自己的生命过程。环境因子的变化直接影响植物生长发育的进程和生长质量。只有在适宜的环境中，植物才能生长发育良好，花繁叶茂。环境因子包括气候因子（光照、温度、水分、空气等）、土壤因子、地形地势因子、生物因子（植物、动物、微生物等）及人类活动等方面，又称为生态因子。

植物的生长发育与外界环境之间的关系十分复杂，只有认真研究，掌握其规律，根据植物的生长特性，创造适宜的环境条件，并制定合理的栽培措施，才能促进园林植物正常生长发育，达到美化环境、增强观赏价值的目的。

一、气候因子与园林植物

（一）光照

光照是植物生命活动中起重大作用的生存因子。光对植物生长发育的影响主要表现在光照强度、光照持续时间和光质三个方面。在一定的光照强度下，植物才能进行光合作用，积累碳素营养。适宜的光照，能使其生长健壮，着花多，色艳香浓。提高光能利用率是园林植物栽培的重要研究内容之一。

1.光照强度对园林植物生长的影响

园林植物需要在一定的光照条件下完成生长发育过程，但由于不同植物在器官构造上存在较大差异，要求不同的光强来维持其生命活动。根据植物需光量的不同，一般可将其分为三种类型。

阳性植物：在强光环境中生长发育健壮、在荫蔽和弱光条件下生长发育不良的植物。植物一般枝叶稀疏、透光，叶色较淡，生长较快，自然整枝良好，但寿命较短。典型的阳性植物有松、桦木、银杏、桉树、月季、仙人掌等。

阴性植物：能耐受遮阴、在较弱的光照条件下比在强光下生长良好的植物。植株一般枝叶浓密、透光度小，叶色较深，生长较慢，但寿命较长。如冷杉、红豆杉、八角金盘等。

中性植物：介于上述两者之间，比较喜光，梢受荫蔽亦不致受损害，或者在幼苗期较耐庇荫，随着年龄的增长逐渐表现出不同程度的喜光特性的都为中性植物。如元宝枫、圆柏、侧柏、七叶树、核桃、杜鹃、栀子花等。

植物的需光强度与其原生地的自然条件有关，生长在我国南部低纬度、多雨地区的热带、亚热带常绿植物，如椰子、柑橘、枇杷等，对光的要求就低于原生于北部高纬度地区的落叶植物，如落叶松、杨树、桃等。此外，同一植物对光照的需要还随生长环境、本身的生长发育阶段和年龄的不同而不同。在一般情况下，在干旱瘠薄的环境下生长的植物比在肥沃湿润环境下生长的植物需光性大，常常表现出阳性树种的特征。有些树木在幼苗阶段需要一定的庇荫条件，随着年龄的增长，需光量逐渐增加。由枝叶生长转向花芽分化的交界期间，光照强度的影响更为明显，此时如光照不足，花芽分化困难，不开花或开花少。如喜强光的月季，在庇荫处生长，枝条节间长，叶大而薄，很少开花。

栽培地点发生改变，植物的喜光性也常会改变，原产于热带、亚热带的植物，如铁树等，原属阳性，但引到北方后，夏季却需要适当遮阴，因为原产地雨水多，空气湿度大，光的透射能力较弱，光照强度比北方弱，而北方多晴少雨、空气干燥。

2.光照好持续时间对园林植物生长的影响

光照持续时间的长短对园林植物的生长发育也具有重要影响。一天中昼夜长短的变化称为光周期。有些植物需要在昼短夜长的秋季开花，有的只能在昼长夜短的夏季开花。根据植物对光周期的反应和要求，可将园林植物分为三类。

长日照植物：需要较长时间的日照才能开花，通常需要14小时以上的光照延续时间才能实现由营养生长向生殖生长的转化。如果日照长度不足，或在整个生长期中始终得不到所需的长日照条件，则会推迟开花甚至不能开花。如荷花、唐菖蒲等。

短日照植物：需要较短的日照条件促进开花，光照延续时间超过一定限度则不开花或延迟开花，一般需要14小时以上的黑暗才能形成花芽，并且在一定范围内，黑暗时间越长，开花越早。如叶子花、一品红等。

日中性植物：对光照时间长短不甚敏感的植物，如月季、紫薇、香石竹等，只要温度、湿度等条件适宜，几乎一年四季都能开花。

光周期现象在很大程度上与原产地所处的纬度有关，是植物在进化过程中对日照长短适应性的表现，也是决定其自然分布的因素之一。短日照植物一般起源于低纬度的南方，长日照植物则起源于高纬度的北方，所以越是北方的种或品种，要求临界日长越长，越是南方的种或品种，要求临界日长越短。在临近赤道的低纬度地带，一般长日照植物不能开花结实，不能繁殖后代。而在高纬度地带，短日照植物不能在那里完成发育，在中纬度地带，各种光周期类型的植物都可生长，只是开花季节不同。了解植物对日照长度的生态类型，对于植物的引种工作极为重要。一般说来，短日照植物由南方向北方引种时，由于北方生长季节内的日照时数比南方长、气温比南方低，往往出现营养生长期延长、发育推迟的现象。

植物生长中常利用植物的光周期现象，通过人为控制光照和黑暗时间的长短，来达到提前或延迟开花的目的。

3.光照对花色的影响

花卉的着色主要靠花青素，花青素只能在光照条件下形成，在散射光下较难形成。高山花卉较低海拔花卉色彩艳丽。同一种花卉，在室外栽植较室内开花色彩艳丽，花青素在强光、直射光下易形成，而在弱光、散射光下不易形成。具蓝和白复色的矮牵牛花朵，其蓝色部分和白色部分的比例变化不仅受温度影响，还与光照强度和光照持续时间有关。通过不同光照强度和温度共同作用的实验表明，温度升高，蓝色部分增加，光强增大，则白色部分变大。玫瑰在弱光下会因缺乏碳水化合物而使红色变淡。因此，室外花色艳丽的盆花，移入室内栽培一段时间后，会逐渐褪色。如欲保持菊花的白色，必须遮挡光线，抑制花青素的形成，否则在阳光下，白花瓣易稍带紫红色，失去种性。

光线的强弱还与花朵开放时间有关。半支莲在中午强光下开放，下午光线变弱后即闭合，雨天不开。紫茉莉在傍晚开放，至早晨就闭合，牵牛花在光照较强时也闭合。

（二）温度

1.温度对植物生长的影响

温度是植物生存的重要因子，它决定着植物的自然分布，是不同地域植物组成差异的主要原因之一。温度又是影响植物生长速度的重要因子，对植物的生长、发育及生理代谢活动有重要的影响。热带、亚热带地区生长的植物对温度要求较高，原产温带、寒带地区的植物对温度要求则较低。把热带、亚热带植物种植到北方，常会因气温太低不能正常生长发育，甚至被冻死。

而喜气温凉爽的北方植物移到南方种植，常会因冬季低温而生长不良或影响开花。根据植物对温度要求的不同，可将植物分为喜热植物、喜温植物和耐寒植物三种。喜热植物如榕树、米兰、茉莉、叶子花等，喜温植物如杜鹃、桂花、香樟等，耐寒植物如丁香、牡丹、连翘、白桦等。因此，在引种栽培时必须了解植物对原产地的温度要求，合理引种。

昼夜温度有节律的变化称为温周期。昼夜温差大对植物生长有利，是因为白天温度高有利于植物光合作用，光合作用合成的有机物多，夜间适当低温，呼吸作用减弱，消耗的有机物质减少，使得植物净积累的有机物增多。光合作用净积累的有机物越多，对花芽形成越有利，开花就越多。但也不是温差越大越好，据研究，大多数植物昼夜温差以8℃左右最为合适，如果温差超过这一限度，不论是昼温过高，或夜温过低，都对植物的生长与生殖有不良的影响。

2.温度对植物的发育及花色的影响

温度对植物发育的影响，首先表现在春化作用。一些植物在个体发育中，必须经过低温才能诱导成花，否则不能正常开花，这种低温促进植物开花的作用叫春化作用。如风信子、郁金香等球根花卉和一、二年生的草花在其个体发育中必须通过低温诱导才能开花。但不同植物对春化温度要求不同，一般秋植花卉春化温度较低，为0～10℃，春播一年生草花春化温度较高，在温暖时播种仍能正常开花。一些植物花芽分化需要的最适温度为：杜鹃、山茶25℃，水仙花13～14℃，八仙花10～15℃，桃树27～30℃。但这些植物花芽分化后，也必须经过冬季低温才能正常开花，否则花芽发育受阻，花朵异常。

温度也是影响花色的主要环境条件之一，一般花色随温度的升高、阳光的加强而变淡。如月季花在低温下呈深红色，在高温下呈白色。菊花、翠菊在寒冷地区较温暖的地区花色浓艳。大丽花在温暖地区栽培，即使夏季开花，花色也暗淡，到秋凉气温降低后花色才艳丽。另外，如前述的矮牵牛的蓝和白的复色品种，开蓝色花或是白色花，受温度影响很大。如果在30～35℃高温下，花开繁茂时，花瓣完全呈蓝色或紫色。但是在15℃条件下，同样开花很繁茂时，花色呈白色。而在上述两者之间的温度下，就呈现为蓝白复色花，且蓝色和白色的比例随温度的变化而变化，温度变化近于30～35℃时，蓝色部分增多，温度变低时，白色部分增多。

3.土温对植物生长的影响

根系生长在土壤中，土温的高低直接影响根系的生长。土温低不利于根系吸收水分和养分，从而影响植物生长。在土温低且蒸腾作用过猛时，植物因组织脱水而受到损伤，因此在炎热的夏季，尤其在中午前后，如在土温最高时给植物浇冷水，会使土温骤降，根系吸水能力急剧降低，不能及时供应地上部分蒸腾作用的需求，会引起植物暂时萎蔫。土壤供水也在一定程度上受高温的影响，高温加速水分从土表的蒸发。

北方地区由于冬季过于严寒，土壤冻结很深，根系无法吸收水分供蒸腾消耗，常会引起生理干旱。如果在入冬后，将雪堆放在植物根部，则能提高土温，使土壤冻结层变浅，深层的根系仍能活动，从而缓解冬季失水过多的矛盾。

4.极端温度对植物生长的危害

各种植物的生长、发育都要求有一定的温度条件，植物的生长和繁殖要在一定的温度范围内进行。在此温度范围的两端是最低温度和最高温度。低于最低温度或高于最高温度都会引起植物体死亡。最低与最高温度之间有一个最适温度，在最适温度范围内植物生长繁殖得最好。

当气温接近植物生存上限时，植物生长不良，超过上限，短时间即可使植物死亡。这主要是高温使光合作用减弱，呼吸作用增强，营养物消耗大于积累，并导致有害代谢产物在体内积累。如观叶植物在高温下叶片会褪色失绿，观花植物花期缩短或花瓣焦灼。一些树皮薄的树木或朝南面的树皮会受到日灼。

植物原产地不同，对高温的忍受能力也不同。米兰在夏季高温时生长旺盛，花香浓郁，而仙客来、水仙、郁金香等，因不能忍受夏季高温而休眠。一些秋播花卉在盛夏来临前即干枯死亡。同一植物在不同生育期，耐高温的能力也不同，种子期最强，开花期最弱。在栽培过程中，应适时采用降温措施，如喷淋水、遮阴等，使植物安全越夏。

低温伤害指植物在能忍受的极限低温以下所受到的伤害。其外因主要取决于降温的强度、持续的时间和发生的季节；内因主要取决于植物本身的抗寒能力。低温对植物的伤害有寒害和冻害。寒害指0℃以上的低温对植物造成的伤害，多发生于原产热带和亚热带南部地区喜温的植物。冻害是指0℃以下的低温使组织结冰，从而对植物造成的伤害。不同植物对低温的抵抗力不同，同一植物在不同的生长发育时期，对低温的忍受能力也有很大差别，休眠种子的抗寒力最高，休眠植株的抗寒力也较高，而生长中的植株抗寒力明显下降。秋季和初冬冷凉气候的锻炼，可提高植物的抗寒力。另外在管理中可通过地面覆盖秸秆、落叶、塑料薄膜、设置风障等措施减少寒害的发生。

（三）水分

水分是植物体的基本组成部分，植物体内的一切生命活动都是在水的参与下进行的。植物生长离不开水，但水分过多或不足都会对植物产生不良的影响。资料表明，当土壤含水量降至10%～15%时，许多植物的地上部分停止生长，当土壤含水量低于7%时，根系停止生长，同时由于土壤溶液浓度过高，根系水分发生外渗，引起烧根甚至死亡。另外，水分不足会使花芽分化减少，缩短花期，影响观赏效果。反之如水分过多，会使土壤中的空气流通不畅，二氧化碳相对增多，缺乏氧气，有机质分解不完全，促使一些有毒物质积累，阻碍酶的活动，影响根系的吸收，使植物根系中毒。一般情况下，常绿阔叶树种的耐淹力低于落叶阔叶树种，落叶阔叶树种浅根性树种的耐淹力较强。

（四）风

风对园林植物的影响是多方面的。轻微的风能帮助植物传递花粉，加强蒸腾作用，提高根系的吸收能力，促进气体交换，改善光照，促进光合作用，消除辐射霜冻，减少病原菌等。

大风对植物有伤害作用。冬季大风易引起植物的生理干旱。花果期如遭遇大风，会造成大量落花落果。强风会折断树干，尤其是风雨交加的台风天气，极易使树木倒伏。

风可以改变植物所处的环境温度、湿度和空气中二氧化碳的浓度等，间接影响植物的生长发育。

二、土壤因子与园林植物

土壤是园林植物安身立命之地。园林植物在生长发育的过程中，不断从土壤中获得水分和养分，以满足植物生长需要。土壤的结构、厚度及理化性质的不同会影响土壤中水、肥、气、热的含量，进而影响到植物的生长。

（一）土壤质地与厚度

土壤质地与厚度关系到土壤肥力的高低及含氧量的多少。一般情况下，当土壤含氧量在12%时，根系才能正常地生长和更新。所以大多数植物要求在土质疏松、深厚肥沃的壤质土中生长。壤质土的肥力水平高，微生物活动频繁，能分解出大量的养分，且保肥能力强。同时，深厚的土层又有利于根系向下生长，使根系分布更深，抗逆性更强。植物种类繁多，喜肥耐瘠能力各不相同。根据对土壤肥力要求的不同，可将植物分为耐瘠薄植物、喜肥植物和中性植物三类。耐瘠薄植物，如马尾松、油松、刺槐、植木等，可以在土质较差、肥力较低的土壤中栽植。喜肥植物，如梅花、梧桐、榆树、楸树、核桃等，应栽植在深厚、肥沃和疏松的土壤中，否则生长不良。当然，耐瘠薄植物如栽植在深厚、肥沃的土壤中则会生长得更好。

（二）土壤酸碱度

土壤酸碱度是土壤的很多化学物质特别是盐基状况的综合反映，它对土壤的一系列肥力性质有深刻影响。土壤中微生物的活动，有机质的合成与分解，氮、磷等营养元素的转化与释放，微量元素的有效性，土壤保持养分的能力，都与土壤酸碱度有关。每种植物都要求在一定的土壤酸碱度下生长，根据植物对土壤酸碱度要求的不同，可将其分为以下三类。

酸性植物：土壤pH值在6.5以下时，生长良好。如山茶、杜鹃、马尾松、栀子花、柑橘等。酸性植物在碱性土或钙质土上不能生长或生长不良。

中性植物：土壤pH值在6.5～7.5时，生长良好。如菊花、杉木、矢车菊、雪松、杨、柳等大多数园林植物。

碱性植物：土壤pH值在7.5以上时，植物仍生长良好。如柏木、朴树、紫穗槐、柽柳、石竹、非洲菊等。碱性植物在酸性土壤上生长不良。

（三）土壤的通气状况

如前所述，当土壤含氧量在12%时，根系才能正常地生长和更新，当土壤通气孔隙度减少到9%以下时，根会因严重缺氧，进行无氧呼吸而产生酒精积累，引起根中毒死亡。同时，由于土壤氧气不足，土壤内微生物繁殖受到抑制，靠微生物分解释放的养分减少，降低了土壤有效养分含量和植物对养分的利用。土壤淹水会造成通气不良，黏重土和下层具有横生板岩或白干土时也会造成土壤通气不良。

各种植物对土壤通气条件要求不同，可生长在低洼水沼地的越橘、池杉忍耐力最强，而生长在平原和山上的桃、李等对缺氧反应最敏感。

（四）土壤水分

矿质营养物质只能在有水的情况下才被溶解和利用，所以土壤水分是提高土壤肥力的重要因素，肥水是不可分的。一般树木根系生长的土壤含水量约等于土壤最大田间持水量的60%～80%。当土壤含水量降至某一限度时，即使温度和其他因子都适宜，根系生活也会受到破坏，植物体内水分平衡将被打破。通常落叶树在土壤含水量为5%～12%时叶片凋萎（葡萄为5%、桃为7%、梨为9%、柿为12%）。干旱时土壤溶液浓度增高，根系非但不能正常吸水反而产生外渗现象，所以施肥后强调立即灌水以维持正常的土壤溶液浓度。据研究，根在干旱状态下受害，远比地上部分出现萎蔫要早，即植物根系对干旱的抵抗能力要比叶片低得多。但轻微的干旱对根系的生长发育有好处，轻微干旱可以改变土壤通气条件，抑制地上部分生长，使较多的养分优先供于根群生长，促发大量新根形成，从而有效利用土壤水分和矿物质，提高根系和植物的耐旱能力。在园林植物栽培中，常常采用"蹲苗"的方法促使植物发根，提高抗旱能力。土壤水分过多，会使根系通气状况恶化，造成缺氧，同时水分过多，会产生硫化氢、甲烷等有害气体，毒害根系。

（五）土壤肥力

土壤肥力是指土壤能及时满足植物对水、肥、气、热等要求的能力，它是土壤理化和生物特性的综合反映。植物的根系总是向着肥多的地方生长，即趋肥性。在土壤肥沃或在施肥条件下，根系发达，细根多而密，生长活动时间长。相反，在瘠薄的土壤中，根系生长瘦弱，细根稀少，生长时间较短。因而，施用肥料可以促进植物的生长发育。

三、其他环境因子与园林植物

（一）城市环境

城市人口密集，工业设施及建筑物集中，道路密布，使得城市生态环境不同于自然环境。

城市光照：总的说来，城市接收的总太阳辐射少于乡村，这是因为大气中的污染物浓度增加，大气透明度降低，致使植物所接受的太阳直接辐射明显减少。但因为城市环境中铺装表面的比例大，导致下垫面的反射率大而增加了反射辐射，因此实际上与周围农村相比差异并不明显。另外，城市环境的人工光照，如大型公共性建筑照明、城市雕塑照明、城市街道照明、喷泉照明等城市夜景照明会延长光照时数，因而可能打破树木正常的生长和休眠，导致树木生长期延长，不利于落叶树种安全过冬等。另外，大面积的玻璃幕墙对光的强反射产生的眩光也会造成光污染，对植物的生长会产生一定的影响。

热岛效应：城市内人口和工业设施集中，产生大量热量，建筑物表面、道路路面在白天阳光下大量吸收太阳热能，到晚上又大量散热，同时由于工业产生的二氧化碳和尘埃在城市上空聚集形成阻隔层，阻碍热量的散发，使城市气温明显高于农村。据调查，城市年平均气温要比周围郊区高 0.5 ~ 1.5℃。

由于城市气温要高于自然环境，春天来得早，秋天去得晚，因此无霜期延长，极端气温趋向缓和。但这些有利于植物生长的因素往往会因为温度过高、湿度降低而变成不利因素。炎热的夏天，由于热岛效应，气温升高而影响植物生长。另外，由于昼夜温差缩小，夜间呼吸作用旺盛，大量消耗养分，影响养分积累。冬季由于缺乏低温锻炼时间，又因高层建筑的"穿堂风"，容易引起树木枝干局部受冻，给树种选择带来一定的困难。

城市土壤：城市土壤通过深挖、回填、混合、压实等各种人类活动的影响，其物理学、化学和生物学特性都与自然状态下的土壤有较大的差异。市政施工、人类碾踏，造成土壤板结，通透性不良，减少了土壤的空隙度，土壤含氧量减少，影响树木根系的生长。

另外，由于市政建设、工业和生活污染，大量的建筑垃圾、有害废水和残羹剩汤排入土壤，使得土壤成分变得十分复杂，含盐量增高，造成对植物的毒害。同时，因土壤被污染，结构被破坏，土壤微生物活动受影响，土壤肥力逐渐下降，使一些适应性、抗逆性差的树种生长受损，甚至死亡。

（二）地形地势

公园的地形地势比较复杂，特别是山地公园。海拔高度、坡向、坡度的变化会引起光照、温度、水分及养分的重新分配。

海拔高度影响温度、湿度和光照。一般海拔每升高100米，气温降低0.6℃。在一定范围内，降雨量也随海拔的增高而增加，另外，海拔升高则日照增强，紫外线含量增加，故高山植物生长周期短，植株矮小，但花色艳丽。

坡度和坡向会造成大气条件下水分和热量的再分配，形成不同类型的小气候环境。通常阳坡日照长，气温和土温较高，但蒸发量大，大气和土壤干燥；阴坡日照时间短，接受的辐射热少，气温和土温较低，因而较湿润。因此，在不同的地形地势下配置植物时，应充分考虑因地形地势造成的温度、湿度上的差异，同时结合植物的生态特性，合理地配置植物。在北方，由于降水量少，所以土壤的水分状况对植物生长影响极大，因而在北坡可以生长乔木，植被繁茂，甚至一些喜光树种亦生于阴坡或半阴坡；在南坡由于水分状况差，所以仅能生长一些耐旱的灌木和草本植物，但是在雨量充沛的南方阳坡的植被则就非常繁茂了。此外，不同的坡向对植物冻害、旱害等亦有很大的影响。

第三章　园林绿化组成要素的规划设计

第一节　园林规划设计基本原理和方法

一、园林规划设计的基本原理

（一）园林美的属性和特征

园林属于多维空间的艺术范畴，一般有两种认识：一是三维、时空和联想空间（意境）；二是线、面、体、时空、动态和心理空间等。其实本质都说明园林是物质与精神空间的总和。

园林美具有多元性，表现在构成园林的多元素和各元素的不同组合形式之中。园林美也有多样性，主要表现在历史、民族、地域、时代性的多样统一之中。

园林作为一个现实生活境域，营造时就必须借助于自然山水、树木花草、亭台楼阁、假山叠石，乃至物候天象等物质造园材料，将它们精心设计，巧妙安排，创造出一个优美的园林景观。因此，园林美首先表现在园林作品可视的外部形象物质实体上，如假山的玲珑剔透、树木的红花绿叶、山水的清秀明洁……这些造园材料及其所组成的园林景观便构成了园林美的第一种形态——自然美实体。

尽管园林艺术的形象是具体而实在的，但园林艺术的美却不仅限于这些可视的形象实体表面，而是借助于山水花草等形象实体，运用各种造园手法和技巧，通过合理布置、巧妙安排、灵活运用来表达和传送特定的思想情感，抒写园林意境。园林艺术作品不仅仅是一片有限的风景，而是要有象外之象、景外之景，即是"境生于象外"，这种象外之境即为园林意境。重视艺术意境的创造，是中国古典园林美学上的最大特点。中国古典园林美主要是艺术意境美，在有限的园林空间里，缩影无限的自然，造成咫尺山林的感觉，产生"小中见大"的效果，拓宽了园林的艺术空间。如扬州的个园，成功地布置了四季假山，运用不同的素材和技巧，使春、夏、秋、冬四时景色同时展出，从而延长了园景的时间。这种拓宽艺术时空的造园手法强化了园林美的艺术性。

系统论有一个著名论断：整体不等于各部分之和，而是要大于各部分之和。英国著名美学家赫伯特·里德（Herbert Read）曾指出，"在一幅完美的艺术作品中，所有的构成因素都是相互关联的；由这些因素组成的整体，要比其简单的总和更富有价值。"园林美不是各种造园素材单体美的简单拼凑，也不是自然美、社会美和艺术美的简单累加，而是一个综合的美的体系。各种素材的美、各种类型的美相互融合，从而构成一种完整的美的形态。

（二）园林美的主要内容

如果说自然美是以其形式取胜，园林美则是形式美与内容美的高度统一。它的主要内容有以下10个方面。

1.山水地形美

山水地形美包括地形改造、引水造景、地貌利用、土石假山等，它形成园林的骨架和脉络，为园林植物种植、游览建筑设置和视景点的控制创造条件。

2.借用天象美

借日、月、雨、雪造景。如观云海霞光，看日出日落，设朝阳洞、夕照亭、月到风来亭、烟雨楼，听雨打芭蕉、泉瀑松涛，造断桥残雪、踏雪寻梅等意境。

3.再现生境美

仿效自然，创造人工植物群落和良性循环的生态环境，创造空气清新、温度适中的小气候环境。花草树木永远是生境的主体，也包括多种生物。

4.建筑艺术美

风景园林中由于游览景点、服务管理、维护等功能的要求和造景需要，要求修建一些园林建筑，包括亭台廊榭、殿堂厅轩、围墙栏杆、展室公厕等。建筑绝不可多，也不可无，古为今用，洋为中用，简洁巧用，画龙点睛。建筑艺术通常是民族文化和时代潮流的结晶。

5.工程设施美

园林中，游道廊桥、假山水景、电照光影、给水排水、挡土护坡等各项设施必须配套，要注意艺术处理而区别于一般的市政设施。

6.文化景观美

风景园林常为文化圣地或历史古迹所在地。园林中的景名景序、门楣对联、摩崖碑刻、字画雕塑等无不浸透着人类文化的精华，创造了诗情画意的境界。

7.色彩音响美

风景园林是一幅五彩缤纷的天然图画，是一曲袅绕动听的美丽诗篇。蓝天白云，花红叶绿，粉墙灰瓦，雕梁画栋，风声雨声，鸟声琴声，欢声笑语，百籁争鸣。

8.造型艺术美

园林中常运用艺术造型来表现某种精神、象征、礼仪、标志、纪念意义，以及某种体形、线条美。如图腾、华表、雕像、鸟兽、标牌、喷泉及各种植物造型、艺术小品等。

9.旅游生活美

风景园林是一个可游、可憩、可赏、可学、可居、可食、可购的综合活动空间，满意的生活服务、健康的文化娱乐、清洁卫生的环境、交通便利、治安保证与特产购物，都将给人们带来情趣，带来生活的美感。

10.联想意境美

联想和意境是我国造园艺术的特征之一。丰富的景物，通过人们的接近联想和对比联想，达到触景生情，体会弦外之音的效果。"意境"一词最早出自我国唐代诗人王昌龄《诗格》，说诗有三境：一是物境，二是情境，三是意境。意境就是通过意象的深化而构成心境应合、神形兼备的艺术境界，也就是主客观情景交融的艺术境界。风景园林就应该是这样一种境界。

二、形式美法则

形式美的法则可以说是作为任何造型艺术的基本问题。自然界常以其形式美取胜而影响人们的审美感受，各种景物都是由外形式和内形式组成的。外形式由景物的材料、质地、线条、体态、光泽、色彩和声响等因素构成；内形式是上述因素按不同规律而组织起来的结构形式或结构特征所构成。园林艺术与建筑雕塑造型艺术相比较，可塑性较弱，显得较为模糊和随意。只有灵活地掌握了这些原则才能创造出生动优美的环境气氛。

形式美是人类在长期社会生产实践中发现和积累起来的，但是人类社会的生产实践和意识形态在不断改变着，并且还存在着民族、地域性及阶层意识的差别。因此，形式美又带有变移性、相对性和差异性。但是，形式美发展的总趋势是不断提炼与升华的，表现出人类健康、向上、创新和进步的愿望。

（一）形式美的表现形态

1."点"

点是构造的出发点，它的移动便形成线，是基本的形态要素。点的感觉与点的形状、大小、色彩、排列、光影等有关系。点的强化使得目标鲜明醒目，成为审美重点，也可强调整体均衡和稳定中心。

2.线条美

线条是造园家的语言，是构成景物外观的基本因素，是造型美的基础。它可表现起伏的地形、曲折的道路、婉转的河岸、美丽的桥拱、丰富的林冠线、严整的广场、挺拔的峭壁、简洁的屋面……线条的曲直、粗细、长短、虚实、光洁、粗糙等，在人们心理上会产生快慢、刚柔、滞滑、利钝、节奏等不同感觉。

线的形态感情有以下五点：一是直线具有坚强、刚直的特性与冷峻感，如水平线、竖直线和斜线。二是水平线具有与地面平行而产生附着于地面的稳定感。产生开阔、舒展、亲切、平静的气氛，同时有扩大宽度、降低速度的心理倾向。三是竖直线与地面垂直，是现实与地球吸引力相反的动力，有一种战胜自然的象征，体现力量与强度，表达崇高向上、坚挺而严肃的情感。四是斜线更具有力感、动感和危机感，使人联想到山坡、滑梯的动势，构图也更显活泼与生动。利用直线类组合成的图案，可表现出耿直、刚强、秩序、规则和理性的形态情感。五是曲线具有柔顺、弹性、流畅、活泼的特征，给人以运动的感觉，其心理诱惑感强于直线。几何曲线规则而明了，表达出理智、圆浑、统一的感觉，自由曲线则呈现自然、抒情与奔放的感觉。利用弧形弯曲线组合成的图案，代表着柔和、流畅、细腻和活泼的形态情感。

3. 图形美

图形是由各种线条围合而成的平面形态，它是通过"面"的形式来表现和传达情感的。通常分为规则式图形和自然式图形两类。

面是人们直接感知某一物体形状的依据，圆形、方形、三角形是图形最基本的形状，可称为"三原形"。而它们是由不同的线条采用不同的围合方式形成的。规则式图形的特征是稳定、有序，有明显的规律变化，有一定的轴线关系和数比关系，庄严肃穆，秩序井然；而不规则图形表达了人们对自然的向往，其特征是自然、流动、不对称、活泼、抽象、柔美和随意。

4. 体形美

体形是由多种面形围合而成的三维空间实体，给人印象最深，具有尺度、比例、体量、凹凸、虚实、刚柔、强弱的量感与质感。风景园林中包含着绚丽多姿的体形美要素，表现于山石、水景、建筑、雕塑、植物造型等，人体本身也是线条与体形美的集中表现。不同类型的景物有不同的体形美，同一类型的景物，也具有多种状态的体形美。现代雕塑艺术不仅表现出景物体形的一般外在规律，而且还抓住景物的内涵加以发挥变形，形成了以表达感情内涵为特征的抽象艺术。

5. 光影色彩美

色彩是造型艺术的重要表现手段之一，通过光的反射，色彩能引起人们生理和心理感应，从而获得美感。

6. 朦胧美

朦胧美产生于自然界，它是形式美的一种特殊表现形态，使人产生虚实相生、扑朔迷离的美感。

（二）形式美法则的应用

1.多样与统一

各类艺术都要求统一，且在统一中求变化。园林组成部分的体量、色彩、线条、形式、风格等，都要求一定程度的相似性与一致性。一致性的程度会引起统一感的强弱，十分相似的组分会给人以整齐、庄严、肃穆的感受；而过分一致的组分则给人呆板、单调、乏味的感受。因此，过分的统一则是呆板，疏于统一则显杂乱，所以常在统一之上加上一个"多样"，意思是需要在变化之中求得统一，免于成为大杂烩。这一原则与其他原则有着密切的关系，起着"统率"作用。真正使人感到愉悦的风景景观，均由于它的组成之间存在明显的协调统一。要创造多样统一的艺术效果，可以通过以下多种途径来达到。

（1）形式统一

形式统一应先明确主题格调，再确定局部形式。在自然式和规整式园林中，各种形式都是比较统一的，混合式园林主要指局部形式是统一的，而整体上两种形式都存在。但园内两种形式的交接处不能太突然，应有一个逐步过渡的空间。公园中重要的表现形式是园内道路，其规整式多用直路，自然式多用曲路。由直变曲可借助于规整式中弧形或折线形道路，使其在不知不觉中转入曲径。如几何式花坛整形的形式统一，不同形状的建筑但勒脚形式统一或屋顶形式统一等。

某些建筑造型与其功能内涵在长期的配合中，形成了相应的规律性，尤其是体量不大的风景建筑，更应有其外形与内涵的变化与统一，如亭、台、楼、阁、餐厅、厕所、展室、花房等。如用一般亭子或小卖部的造型去建造厕所，显然是荒唐的。如果在一个充满中国风格的花园内建立一个西洋风格的小卖部，便会让人感到在形式上失去统一感。

（2）材料统一

无论是一座假山、一堵墙面还是一组建筑，无论是单个或是群体，它们在选材方面既要有变化，又要保持整体的一致性，这样才能显示景物的本质特征。如园林中告示牌、指路牌、灯柱、栏杆、花架、宣传廊、座椅等的材料和颜色需要统一。近来多有用现代材料结构表现古建筑的做法，如仿木、仿竹的水泥结构，仿石的斩假石做法，仿大理石的喷涂做法，也可表现理想的质感统一效果。

（3）线条统一

线条统一是指各图形本身的线条图案与局部线条图案的变化统一，例如，山石岩缝竖向的统一、天然水池曲岸线的统一等。变化形成多样统一，也可用自然土坡山石构成曲线变化求得多样统一。

（4）色彩统一

用色彩统一来达到协调统一，例如，美国东部的枫林住宅区，以突出整体红色枫树林为环境艺术特色，又如中国的油菜花田给人美的享受。

（5）花木统一

公园树种繁多，但可利用一种数量最多的植物花卉来作基调，以求协调。如杭州花港观鱼公园选用常绿大乔木广玉兰作基调。

（6）局部与整体统一

整体统一，局部协调。在同一园林中，景区景点各具特色，但就全园总体而言，其风格造型、色彩变化均应与全园整体基本协调，在变化中求完整。如卢沟桥上的石狮子，每一组狮子雕塑为大狮子围合，材料统一，高矮统一，"群小一大"也统一，而变化的范围却是小狮子的数量、位置和姿态及大狮子的各种造型。总之，变化于整体之中，求形式与内容的统一，使局部与整体在变化中求协调，这是现代艺术对立统一规律在人类审美活动中的具体表现。

2.节奏与韵律

自然界中许多现象，常是有规律的重复和有组织的变化。例如，海边的浪潮，一浪一浪地向岸上扑来，均匀而有节奏。在园林绿地中，也常有这种现象，如道旁植树，植一种树好，还是植两种树好；在一个带形用地上布置花坛，设计成一个长花坛好，还是设计几个花坛并列起来好，这都牵涉到构图中的韵律节奏问题。节奏是最简单的韵律，韵律是节奏的重复变化和深化，富于感性情调使形式产生情趣感。条理性和重复性是获得韵律感的必要条件，简单而缺乏规律变化的重复则单调、乏味。所以，韵律节奏是园林艺术构图多样而统一的重要手法之一。

园林绿地构图的韵律与节奏的常见方式有以下六种韵律：一是重复韵律。同种因素等间距反复地出现，如行道树、登山道、路灯、带状树池等。二是交错韵律。相同或不同要素有规律地纵横交错、相互穿插。常见的有芦席的编织纹理和中国的木棂花窗格子。三是渐变韵律。指连续出现的要素按一定规律或秩序进行微差变化。逐渐加大或变小，逐渐加宽或变窄，逐渐加长或缩短，从椭圆逐渐变成圆形或反之，色彩渐由绿变红等。四是旋转韵律。某种要素或线条，按照螺旋状方式反复连续进行或向上或向左右发展，从而得到旋转感很强的韵律特征。在图案、花纹或雕塑设计中常见。五是突变韵律。景物以较大的差别和对立形式出现，从而产生突然变化而错落有致的韵律感，给人以强烈变化的印象。六是自由韵律。类似像云彩或溪水流动的表示方法，指某些要素或线条以自然流畅的方式，不规则但却有一定规律地婉转流动，反复延续，出现自然优美的韵律感。

归纳上述各种韵律，根据其表现形式，又可分成三种类型：规则、半规则和不规则韵律。前者表现出严整规定性、理智性特征，后者表现其自然多变性、感情性特征，而中者则显示出两者的共同特征。可以说，韵律设计是一种方法，可以把人的眼睛和意志引向一个方向，把注意力引向景物的主要因素。世界现代韵律观差异很大，甚至难以捉摸，总的来说，韵律是通过有形的规律性变化，求得无形的韵律感的艺术表现形式。

3.比例与尺度

尺度指与人有关的物体实际大小与人印象中的大小之间的关系。久而久之，这种尺度和它的表现形式合为一体而成为人类习惯和爱好的尺度观念。如供给成人使用和供给儿童使用的东西，就具有不同的尺度要求。在园林造景中，运用尺度规律进行设计常采用以下四种方法。

（1）单位尺度引进法

单位尺度引进法即引用某些为人们所熟悉的景物作为尺度标准，来确定群体景物的相互关系，从而得出合乎尺度规律的园林景观。

（2）人的习惯尺度法

习惯尺度仍是以人体各部分尺寸及其活动习惯规律为准，来确定风景空间及各景物的具体尺度。如以一般民居环境作为常规活动尺度，那么大型工厂、机关建筑、环境就应该用较大尺度处理，这可称为依功能而变的自然尺度。而作为教堂、纪念碑、凯旋门、皇宫大殿、大型溶洞等，就是夸大了的超人尺度。它们通常使人产生自身的渺小感和建筑物（景观）的超然、神圣、庄严之感。此外，因为人的私密性活动而使自然尺度缩小，如建筑中的小卧室、大剧院中的包厢、大草坪边的小绿化空间等，使人有安全、宁静和隐蔽感，这就是亲密空间尺度。

（3）景物与空间尺度法

一件雕塑在展室内显得气魄非凡，移到大草坪、广场中则顿感逊色，尺度不佳。一座假山在大水面边奇美无比，而放到小庭园里则感到尺度过大，拥挤不堪。这都是环境因素的相对尺度关系在起作用，也就是景物与环境尺度的协调和统一规律。

（4）模度尺设计法

运用好的数比系列或被认为是最美的图形，如圆形、正方形、矩形、三角形、正方形内接三角形等作为基本模度，进行多种划分、拼接、组合、展开或缩小等，从而在立面、平面或主体空间中，取得具有模度倍数关系的空间，如房屋、庭院、花坛等，这不仅能得到好的比例尺度效果，而且也给建造施工带来方便。一般模度尺的应用采取加法和减法设计。

4.稳定与均衡

被中国古代人提出宇宙组成的五大元素：金、木、水、火、土，五个汉字的象形基本都是左右对称，上小下大。而在西方，"对称"一词与"美丽"同义。构图上的不稳定通常让欣赏者感到不平衡。当构图在平面上取得了平衡，我们称之为"均衡"；在立面上取得了平衡称之为"稳定"。

均衡感是人体平衡感的自然产物，它是指景物群体的各部分之间对立统一的空间关系，一般表现为对称均衡和不对称均衡两大类型。

（1）静态均衡

静态均衡也称对称平衡，是指景物以某轴线为中心，在相对静止的条件下，取得左右（或上下）对称的形式，在心理学上表现为稳定、庄重和理性。

（2）动态均衡

动态均衡也称不对称平衡，即景物的质量不同，体量也不同，却使人感觉到平衡。例如，门前左边一块山石，右边一丛乔灌木，因为山石的质感很重，体量虽小，却可以与质量轻、体量大的树丛相比较，同样产生平衡感。这种感觉是生活中积淀下来的经验。动态均衡创作法一般有以下三种类型。

①构图中心法

在群体景物之中，有意识地强调一个视线构图中心，而使其他部分均与其取得对应关系，从而在总体上取得均衡感。三角形和圆形图案等重心为几何构图中心，是突出主景最佳位置；自然式园林中的视觉重心，也是突出主景的非几何中心，忌居正中。

②杠杆均衡法

杠杆均衡法又称动态平衡法、平衡法。根据杠杆力矩的原理，使不同体量或重量感的景物置于相对应的位置而取得平衡感。

③惯性心理法

惯性心理法又称运动平衡法。人在劳动实践中形成了习惯性重心感，若重心产生偏移，则必然出现动势倾向，以求得新的均衡。如一般认为右为主（重），左为辅（轻），故鲜花戴在左胸较为均衡；人右手提起物体，身体必向左倾斜，人向前跑手必向后摆。人体活动一般在立体三角形中取得平衡，根据这些规律，我们在园林造景中就可以广泛地运用三角形构图法。园林静态空间与动态空间的重心处理，均是取得景观均衡的有效方法。

（3）质感均衡

根据造景元素的材质的不同，寻求人们心理的一种平衡感受。在我国山水园林中，主体建筑和堆山、小亭等通常各据一端，隔湖相望，大而虚的山林空间与较为密实的建筑空间分量基本相等。在重量感觉上一般认为，密实建筑、石山分量大于土山、树木。同一要素内部给人的印象也有区别，当其大小相近时，石塔重于木阁，松柏重于杨柳，实体重于透空材料，浓色重于浅色，粗糙重于细腻。

（4）竖向均衡

上小下大在远古曾被认为是稳定的唯一标准，因为它和对称一样可以给人一种雄伟的印象。而古人大多将宏大气魄作为决定事物是否美丽的不可缺少的条件之一。上小下大，稳如泰山，即为一种概括。这是因为地球引力强加于人使得物体体重小且越靠近地心就越稳定。一旦人们在技术上有可能不依赖于这种上小下大的模式而仍可使构筑物保持稳定的话，他们是乐于尝试新的形式的。中国假山讲究"峰石一块者……理宜上大下小，立之可观。或峰石两块三块拼掇，亦宜上大下小，似有飞舞势"。

今天的园林中竖向均衡的例子也很广泛，建筑小品如伞形亭、蘑菇亭等倒三角形以求均衡的运用。园林是自然空间，竖向层次上主要是地形和植物（大乔木），人们难以完全依照自己的意志进行安排，这就要求我们不断地创造更新颖、更适合于特定环境的方案。杭州云溪竹径中小巧的碑亭与高于它九倍的三株大枫香形成了鲜明对照，产生了类似于平面上大而虚的自然空间和小而实的人工建筑两者之间的平衡感。当我们让树木倾斜生长而造成不稳定的动势时，也可以达到活泼生动的气氛，如同生长在悬崖之上苍劲刚健而古老的松树给人的印象一样。它们通常成为舒缓园林节奏中的特强音符。

5.统觉与错觉

欣赏物象时通常以最明显的部分为中心而形成的视觉统一效应，我们称为统觉。由于外界干扰和自身心理定式的作用而对物象产生的错误认识，我们称为错觉。人们的心理定式在通常情况下能够帮助把握住物体的正确形状。

在人工构筑物及其装饰上，统觉和错觉出现得非常频繁，而错觉较统觉运用得更为广泛一些。做规划设计，平面图最为常用，两种立柱在立面图中看不出差别，实际上圆柱较方柱通透一些。这是因为当荷载相同时，即柱面积相等时，圆柱一般较方柱减少遮挡面积达20%以上。我国南方园林中圆柱多于方柱，与此不无关系。因此，我们需要正确地掌握错觉，消除它带来的消极影响，并在规划设计的时候让其成为园林造景中的积极因素。例如，由于人们的视觉中心点常聚焦偏重于物象的中心偏上，等分线段上半部就会显得比下半部更近，仿佛就更大一些。例如，匾额、建筑上的徽标、车站时钟、建筑阳台；从人体尺度上看，全身的重要视点中心在胸部，如胸花；上半身的视点在领，如领花；面部的视点在额头，如点红点等。我们在进行某些规划设计时，可以充分利用这一错觉开展人们视点中心的注意力布局。反之，为避免造成头重脚轻的感觉。

6.比拟与联想

园林绿地不仅要有优美的景色，而且要有幽深的境界，应有意境的设想。能寓情于景，寓意于景，能把情与意通过景的布置体现出来，使人能见景生情，因情联想，把思维扩大到比园景更广阔、更久远的境界中去，创造幽深的诗情画意。

（1）以小见大、以少代多的比拟联想

模拟自然，以小见大，以少代多，用精练浓缩的手法布置成"咫尺山林"的景观，使人有真山真水的联想。如无锡寄畅园的"八音涧"，就是模仿杭州灵隐寺前冷泉旁的飞来峰山势，却又不同于飞来峰。我国园林在模拟自然山水的手法上有独到之处，善于综合运用空间组织、比例尺度、色彩质感、视觉幻化等，使一石有一峰的感觉，使散石有平冈山峦的感觉，使池水迂回有曲折不尽的感觉。犹如一幅高明的国画，意到笔随或无笔有意，使人联想无穷。

（2）运用植物的特征、姿态、色彩给人的不同感受而产生比拟联想

松——象征坚贞不屈，万古长青的气概；竹——象征虚心有节、清高雅洁的风尚；梅——象征不畏严寒、纯洁坚贞的品质；兰——象征居静而芳、高风脱俗的情操；菊——象征不畏风霜，活泼多姿；柳——象征灵活性与适应性，有强健的生命力；枫——象征不畏艰难困苦，老而尤红；荷花——象征廉洁朴素，出淤泥而不染；玫瑰花——象征爱情，象征青春；迎春花——象征春回大地，万物复苏。白色象征纯洁，红色象征活跃，绿色象征平和，蓝色象征幽静，黄色象征高贵，黑色象征悲哀。但这些只是象征而已，并非定论，而且因民族、习惯、地区、处理手法等不同又有很大的差异，如"松、竹、梅"有"岁寒三友"之称，"梅、兰、菊、竹"有"四君子"之称，都是诗人、画家的封赠。广州的红木棉树称为"英雄树"，长沙岳麓山广植枫林，确有"万山红遍，层林尽染"的景趣。而爱晚亭则令人想到"停车坐爱枫林晚，霜叶红于二月花"的古人名句。

（3）运用园林建筑、雕塑造型而产生的比拟联想

园林建筑、雕塑的造型，常与历史、人物、传闻、动植物形象等相联系，能使人产生思维联想。如布置蘑菇亭、月洞门、小广寒殿等，人置身其中产生身临月宫——广寒宫之感。至于儿童游戏场的大象和长颈鹿滑梯，则培养了儿童的勇敢精神，有征服大动物的豪迈感。在名人的雕像前，则会令人有肃然起敬之感。

（4）运用文物古迹而产生的比拟联想

文物古迹发人深省，游成都武侯祠，会联想起诸葛亮的政绩和三足鼎立的三国时代的局面；游成都杜甫草堂，会联想起杜甫富有群众性的传诵千古的诗章；游杭州岳坟、南京雨花台、绍兴凤南亭，会联想起许多可歌可泣的往事，使人得到鼓舞。文物在观赏游览中也具有很大的吸引力。在园林绿地的规划布置中，应掌握其特征，加以发扬光大。

（5）运用景色的命名和题咏等而产生的比拟联想

好的景色命名和题咏，对景色能起到画龙点睛的作用。如含义深、兴味浓、意境高，能使游人有诗情画意的联想。"水作青罗带，山如碧玉簪。洞穴幽且深，处处呈奇观。桂林此三绝，足供一生看。春花娇且媚，夏洪波更宽，冬雪山如画，秋桂馨而丹。"这些句子描绘出桂林的"三绝"和"四季"景色，提高了风景游览的艺术效果。

三、园林规划设计的方法

（一）快速理解设计的题意

展开快速设计的第一步是决定设计方向的关键性一步。理解对了，可以把设计路子引向正确方向，理解偏了，则导致设计路线步入歧途。题意要从任务书的要求，包括命题上

细细琢磨，每一个字句都要留心，不可粗心大意。

（二）对设计条件进行快速分析

对设计条件进行快速分析的目的就是为下一步展开设计提供依据。条件分析可从外部条件和内部条件两方面进行。

（三）快速立意与构思

所谓"意在笔先"就是要在动手设计之前充分发挥想象力，在设计者原有知识与经验的基础上，结合题意理解、条件分析，从中捕捉创作灵感，再运用个人的哲学思想，发挥想象，对所要表达的创作意图进行抉择。

有了创作想象而没有实现这种想法的思考方式也是不全面的。所谓一个好的构思，绝不是为玩弄手法的胡思乱想，它是紧扣立意，充分发挥想象力，富有创意，以独特的、富有表现力的园林语言达到设计新颖的过程，而且这个思考过程必须贯穿始终。

对于园林创作来说，立意与构思是相辅相成的多维方式，立意是目标思维，构思是手段思维，如果没有准确的立意，那么构思手段也发挥不了作用。而有一个好的立意，却没有好的构思，也实现不了立意目标。两者必须在设计初始阶段共同发挥作用。

因此，好的立意与构思可以开拓园林创作之路，对于推动整个设计过程及实现设计目标和提高设计质量起着重要作用。

（四）快速进行方案设计

方案设计的起步是观察设计场地。任何一个快速设计都有特定的地形条件，如何在这一用地上进行合理的方案设计，不能不首先考虑场地现状，这是进行方案设计的前提条件；接下来就是平面设计，表现出园林各部分的功能关系和空间关系；然后再不断地细化、深入，直到完成。

第二节 园林地形规划设计与水体规划设计

一、园林地形规划设计

园林绿地组成要素设计是进行各类园林绿地规划设计必须掌握的基本能力。通过对园林绿地组成要素的构成训练和设计过程的训练，了解园林绿地各组成要素的类型与功能，熟悉园林绿地各组成要素的特性，掌握园林各组成要素的设计原则和方法，能结合园林绿地现状完成园林绿地各组成要素的设计，为各类园林绿地的规划及设计奠定基础。

地形是指地面上各种高低起伏的形状；地貌是指地球表面的外貌特征；地物是指地上和地下的各种设施和事物。地形是构成园林实体非常重要的要素，也是其他诸要素的依托基础和底界面，是构成整个园林景观的骨架。不同的地形地貌反映出不同的景观特征，它影响着园林的布局和园林的风格。有了良好的地形地貌，才有可能产生良好的景观效果。因此，地形地貌是园林造景的基础。

从园林范围来说，地形包含土丘、台地、斜坡、平地或因台阶和坡道所引起的水平面变化的地形，这类地形统称为小地形；起伏最小的地形称为微地形，它包括沙丘上的微弱起伏或波纹，或是道路上石头和石块的不同变化。总之，地形是外部环境的地表因素。

（一）园林地形的形式

按地形的坡度不同分类，它可分为平地、台地和坡地。平地是指坡度1% ~ 7%的地形；台地是由多个不同高差的平地联合组成的地形；坡地可分陡坡和缓坡。

1.按地形的形态特征分类

（1）平坦地形

平坦地形是园林中坡度比较平缓的用地，坡度为1% ~ 7%。平坦地形在视觉上空旷、宽阔，视线遥远，景物不被遮挡，具有强烈的视觉连续性；平坦地面能与水平造型互相协调，使其很自然地同外部环境相吻合，并与地面垂直造型形成强烈的对比，使景物突出；平坦地形可作为集散广场、交通广场、草地、建筑等用地，以接纳和疏散人群，组织各种活动或供游人游览和休息。

（2）凸地形

凸地形具有一定的凸起感和高耸感，凸地形的形式有土丘、丘陵、山峦及小山峰。凸地形具有构成风景、组织空间、丰富园林景观的功能，尤其在丰富景点视线方面起着重要的作用，因凸地形比周围环境的地势高，视线开阔，具有延伸性，空间呈发散状。它一方面可组织成为观景之地；另一方面因地形高处的景物最突出、明显，能产生对某物或某人更强的尊崇感，又可成为造景之地。

（3）凹地形

凹地形也被称为碗状洼地。凹地形是景观中的基础空间，适宜于多种活动的进行，当其与凸地形相连接时，它可完善地形布局。凹地形是一个具有内向性和不受外界干扰的空间，给人一种分割感、封闭感和私密感。凹地形还有一个潜在的功能，就是充当一个永久性的湖泊、水池或者蓄水池。凹地形在调节气候方面也有重要作用，它可躲避掠过空间上部的狂风；当阳光直接照射到其斜坡上时，可使地形内的温度升高，因此凹地形与同一地区内的其他地形相比更暖和，风沙更少，更具宜人的小气候。

（4）山脊

山脊总体上呈线状，与凸地形相比较，其形状更紧凑、更集中。山脊可以说是更"深化"的凸地形。

山脊可限定空间边缘，调节其坡上和周围环境中的小气候。在景观中，山脊可被用来转换视线在一系列空间中的位置或将视线引向某一特殊焦点。山脊还可充当分隔物，作为一个空间的边缘，山脊犹如一道墙体将各个空间或谷地分隔开来，使人感到有"此处"和"彼处"之分。从排水角度而言，山脊的作用就像一个"分水岭"，降落在山脊两侧的雨水，将各自流到不同的排水区域。

（5）谷地

谷地综合了凹地形和山脊地形的特点；与凹地形相似，谷地在景观中也是一个低地，是景观中的基础空间，适合安排多种项目和内容。它与山脊相似，也呈线状，具有方向性。

2.园林地形与生态

生态是指生物的生活状态，指生物在一定的自然环境下生存和发展的状态，以及它们之间和它与环境之间环环相扣的关系。现代城市园林和传统园林相比，更注重生态景观和生态学理论的应用与推广。与传统园林相比，生态理论在现代城市公园生态景观中的运用更为积极和深入。地形设计把生态学原理放在首位，在生态科学的前提下确定景观特征。地形是植物和野生动物在花园中生存的最重要的基础。它不仅是创造不同空间的有效方式，而且可以通过不同的形状和高度创造不同的栖息地。不断变化的地形为丰富植物种类和数量提供了更多的空间，也为昆虫、鸟类和小型哺乳动物等野生动物提供了栖息地。

3.园林地形与美学

现代园林地形的种类更加丰富，地形的使用也日益普遍。我们在日常生活、学习和工作中，经常接触到各种各样的地形。它们所具有地形的三个基本特性是不会改变的。每一个地形都利用点、线、面的组合显示出大量的地理信息及地形特色。

（1）直接表现

一个线条光滑、美观秀丽的优美地形，让人赏心悦目，得到美的感受。具有时代感的优秀山水地形作品，让人信服，得到心理满足。地形可以直接代表外在形式的艺术美感，也可以间接地反映出科学美内在的逻辑意蕴，更能体现理性更深的美；艺术美与科学美的内在联系和外在联系，在园林的地形上蕴含着美的内涵。具有艺术感染力的地形美是客观存在的。然后，运用独特的地形技术，可以正确地反映我国悠久的历史和灿烂的文化。

（2）间接表现

园林地形必须具有严密的科学性、可靠的实用性、精美的艺术性。这是表现园林地形美的三个主要方面：一是科学性。科学性是地形科学美的基本要求。它体现于设计地形的数学基础（确保精度）、特定的栽植植物和特殊的堆砌方法，主要体现在地形的所需可靠，实施科学的综合概括，从尽可能少和简单的概念出发，规律性地描述园林地形单个对象及其整体。二是实用性。实用性是地形美的实质，主要表现在地形内容的完备性和适应性两方面。完备性是指地形图内容丰富、有效信息量大；适应性是地形所处位置的审美特征，指地形承载内容的表现形式、技术手段能使人理解、接受，感到视觉美，感到形式与内容相统一的和谐美。三是艺术性。艺术性是地形艺术美所在，主要体现在地形具有协调性、层次性和清晰性三方面。协调性是指地形总体构图平衡、对称，各要素之间能配合协调、相互衬托，地形空间显得和谐；层次性是指园林地形结构合理，有层次感，主体要素突出于第一层视觉平面上，其他要素置于第二或第三视觉层面上；清晰性是指地形有适宜的承载量，地形所承载的植物、构筑、水面等配比合适，各元素之间搭配正确合理，内容明快实在，贴近自然，使人走入园林有一种美的享受。

4.地形塑造

（1）技术准备

熟悉施工图纸，熟悉施工地块内土层的土质情况。了解地形整理地块的土质及周边的地质等情况。测量放样，在具体的测量放样时，可以根据施工图的要求，做好控制桩并做好保护。编制施工方案，提出土方造型的操作方法，提出所需施工机具、劳动力等。

（2）人员准备

组织并配备土方工程施工所需各专业技术人员管理人员和技术工人；组织安排作业班次；制定较完善的技术岗位责任制和技术、质量安全、管理网络；建立技术责任制和质量保证体系。

（3）设备准备

做好设备调配，对进场挖土、推土、造型、运输车辆及各种辅助设备进行维修检查、试运转并运至使用地点就位。对拟采用的土方工程新机具，组织力量进行研制和试验。

（4）施工现场准备

土方施工条件复杂，施工受到地质、气候和周边环境的影响很大，所以我们要把握好施工区域内的地下障碍物，核查施工现场地下障碍物数据，确认可能影响地下管线的施工质量，并指导施工的其他障碍。全面估算施工中可能出现的不利因素，并提出各种相应的预防措施和应急措施，包括临时水、电、照明和排水系统及铺设路面的施工。在原建筑物附近的挖填作业中，一方面要考虑原建筑物是否有外力作用，从而造成损伤，根据施工单位提供的准确位置图，测量人员进行方位测量，挖出地面，并将隐藏的物体清除；另一方面进行基层处理，由建设单位自检、施工或监理单位验收。在整个施工现场，首先要排出水，根据施工图的布设、精确定位标准的设置和高程的高低，进行开挖和成桩施工。在地形整理工程施工前，必须完成各种报关手续和各种证照。

再好的地形设计，只有经过测绘施工等生产过程中各生产作业人员的认真工作，才能得以实现，这就要求各工序的生产者具有高度的责任心和专业理论知识，具有正确的审美观和较高的修养，要能自觉地、主动地按照自然规律进行创造性的与卓有成效的生产作业。如此，经过大家的共同努力，才能出精品园林景观，让园林景观展现出大自然的魅力，以满足人们及社会的需要。

（二）园林地形的功能与作用

1.地形的基础和骨架作用

地形是构成园林景观的骨架，是园林中所有景观元素与设施的载体，它为园林中其他景观要素提供了赖以存在的基面，是其他园林要素的设计基础和骨架，也是其他要素的基底和衬托。地形可被当作布局和视觉要素来使用，地形有许多潜在的视觉特性。在园林设计中，要根据不同的地形特征，合理安排其他景物，使地形起到较好的基础作用。

2.地形的空间作用

地形因素直接制约着园林空间的形成。地形可构成不同形状、不同特点的园林空间。地形可以分隔、创造和限制外部空间。

3.改善小气候的作用

地形可影响园林某一区域的光照、温度、风速和湿度等。园林地形的起伏变化能改善植物的种植条件，能提供阴、阳、缓、陡等多样性的环境。利用地形的自然排水功能，提供干湿不同的环境，使园林中出现宜人的气候及良好的观赏环境。

4.园林地形的景观作用

作为造园要素中的底界面，地形具有背景角色。例如，平坦地形上的园林建筑、小品、道路、树木、草坪等一个个景物，地形则是每个景物的底面背景。同时，园林凹凸地形可作为景物的背景，形成景物和作为背景的地形之间有很好的构图关系。另外，地形能控制视线，能在景观中将视线导向某一特定点，影响某一固定点的可视景物和可见范围，形成连续观赏或景观序列，通过对地形的改造和组合，可产生不同的视觉效果。

5.影响旅游线路和速度

地形可被用在外部环境中，影响行人和车辆运行的方向、速度和节奏。在园林设计中，可用地形的高低变化、坡度的陡缓及道路的宽窄、曲直变化等来影响和控制游人的游览线路及速度。

（三）园林地形处理的原则

1.因地制宜原则

园林地形的设计，首先要考虑对原有地形利用，以充分利用为主、改造为辅，要因地制宜，尽量减少土方量。建园时，最好达到园内的土方量填挖平衡，节省劳力和建设投资。其次，对有碍园林功能和园林景观的地形要大胆改造。

（1）满足园林性质和功能的要求

园林绿地的类型不同，其性质和功能就不一样，对园林地形的要求也就不尽相同。城市中的公园、小游园、滨湖景观、绿化带、居住区绿地等对园林地形要求相对要高一些，可进行适当处理，以满足使用和造景方面的要求。郊区的自然风景区、森林公园、工厂绿地等对地形的要求相对低，可因势就形稍做整理，偏重于对地形的利用。

游客在园林内进行各种游憩活动，对园林空间环境有一定的要求。因此，在进行地形设计时要尽可能为游人创造出各种游憩活动所需的不同的地貌环境。例如，游憩活动、团体集会等需要平坦地形；进行水上活动时需要较大的水面；登山运动需要山地地形；各类活动综合在一起，需要不同的地形分割空间。利用地形分割空间时，常需要有山岭坡地。

园林绿地内地形的状况与容纳的游客量有密切的关系，平地容纳的人多，山地及水面则受到限制。

（2）满足园林景观要求

不同的园林形式或景观对地形的要求是不一样的，自然式园林要求地形起伏多变，规则式园林则需要开阔平坦的地形。要构成开放的园林空间，需要有大片的平地或水面。幽深景观需要有峰回路转层次多的山林。大型广场需要平地。自然式草坪需要微起伏的地形。

（3）符合园林工程的要求

园林地形的设计在满足使用和景观功能的同时，必须符合园林工程的要求。当地形比较复杂时，地形处理应根据科学的原则，山体的高度、土坡的倾斜面、水岸坡度的合理稳定性、平坦地形的排水问题、开挖水体的深度与河床的坡度关系、园林建筑设置的基础及桥址的基础等都要以科学为依据，以免发生如陆地内涝、水面泛滥与枯竭、岸坡崩坍等工程事故。

（4）符合园林植物的种植要求

地形处理还应与植物的生态习性、生长要求相一致，使植物的种植环境符合生态地形的要求。对保存的古树名木要尽量保持它们原有地形的标高，且不要破坏它们的生态环境。总之，在园林地形的设计中，要充分考虑园林植物的生长环境，尽量创造出适宜园林植物生长的环境。

2.园林地形的造景设计

（1）平坦地形的设计

平坦地形是坡度小于3%（$i < 3\%$）的地形。平坦地形按地面材料可分为土地面、砂石地面、铺装地面和种植地面。土地面如林中空地，适合夏日活动和游憩；沙石地面，

如天然的岩石、卵石或沙砾；铺装地面可以是规则或不规则的；种植地面则是植以花草树木。

平坦地形可用于开展各种活动，最适宜作建筑用地，也可作道路、广场、苗圃、草坪等用地，可组织各种文体活动，供游人游览休息，接纳和疏散人群，形成开朗景观，还可作疏林草地或高尔夫球场（坡度为1%～3%）。地形设计时，应同时考虑园林景观和地表水的排放，要求平坦地形有3%～5%的坡度。在有山水的园林中，山水交界处应有一定面积的平坦地形，作为过渡地带，临山的一边应以渐变的坡度和山体相接，近水的一旁以缓慢的坡度，慢慢伸入水中，造成冲积平原的景观。在平坦地形上造景可结合挖地堆山或用植物分隔、做障景等手法处理，以打破平地的单调乏味，防止景观一览无余。

（2）坡地地形的设计

布置道路建筑一般不受约束，可不设置台阶，可开辟园林水景，水体与等高线平行，不宜布置溪流。中坡地（坡度为10%～25%）在设计中，可灵活多变地利用地形的变化来进行景观设计，使地形既相分割又相联系，成为一体。在起伏较大的地形的上部可布置假山，塑造成上部突出的悬崖式陡崖。布置道路时须设梯步，布置建筑最好分层设置，不宜布置建筑群，也不适宜布置湖、池，而宜设置溪流。陡坡地（坡度为25%～50%）视野开阔，但在设计时须布置较陡的梯步。

在坡地处理中，忌将地形处理成馒头形。要充分利用自然，师法自然，利用原有植被和表土，在满足排水、适宜植物生长等使用功能的情况下进行地形改造。

3.假山设计与布局

假山又称掇山、迭山、叠山，包括假山和置石两个部分。假山是人工创作的山体，是以造景游览为主要目的，充分结合其他多方面的功能作用，以灰、土、石等为材料，以自然山水为蓝本并加以艺术的提炼，人工再造的山水景物的通称。置石是以山石为材料做独立性或附属性的造景布置，主要表现山石的个体美或局部的组合，而不具备完整的山形。

我国的园林以风景为骨干的山水园著称，有山就有高低起伏的地势。假山可作为景观的主题以点缀空间，也可起分隔空间和遮挡视线的作用，能调节游人的视点，形成仰视、平视、俯视的景观，丰富园林艺术内容。山石可以堆叠成各种形式的蹬道，这是古典园林中富有情趣的一种创造方式，山石也可用作水体的驳岸。

第一，假山的分类。假山按构成材料可分为土山、石山和土石山三类。土山全部以土为材料创作的山体。要有30度的安息角，不能堆得太高、太陡。石山是全部以石为材料创作的山体。这类山体多变，形态有的峥嵘，有的妩媚，有的玲珑，有的顽拙。土石山有土包石，以土为主，石占30%左右；有石包土，以石为主，土占30%左右。假山按堆叠的形式分类，可分为仿云式、仿抽雕、仿山式、仿生式、仿器式等。

第二，假山的布局与造型设计。假山可以是群山，也可以是独山。在山石的设计中，要将较大的一面向阳，以利于栽植树木或安排主景，尤其是临水的一面应该是山的阳面。山石可与植物、水体、建筑、道路等要素相结合，自成山石小景。假山大体上可分为两大类别：一是写意假山。写意假山是以某种真山的意境创作而成的山体，是取真山的山姿山容、气势风韵，经过艺术概括、提炼，再现在园林里，以小山之形传大山之神，给人一种亲切感，富有丰富的想象。例如，扬州个园的假山，用笋石（白果峰）配以翠竹以刻画春季景观；用湖石配以玉兰、梧桐以刻画夏季景观；用黄石配以松柏、枫树衬托秋季景观；用宣石配以蜡梅、天竺葵衬托冬季景观。四季假山各具特色，表达出"春山淡冶而如笑，夏山苍翠而如滴，秋山明净而如妆，冬山惨淡而如睡"和"春山宜游，夏山宜看，秋山宜登，冬山宜居"的诗情画意。二是象形假山。象形假山是模仿自然界物体的形体、形态而堆叠起来的景观。自然界的山形形色色，自然界的石头种类也繁多，用于造园常见的有湖石、黄石、宣石及灵璧石、虎皮石等种类。每种石头都有它自己的石质、石色、石纹、石理，各有不同的形体轮廓。不同形态和质地的石头也有不同的性格。就造园来说，湖石的形体玲珑剔透，用它堆叠假山，情思绵绵。黄石则棱角分明，质地浑厚刚毅，用它堆叠假山，嵯峨棱角，峰峦起伏，给人的感觉是朴实苍润。因此，要分峰用石，避免混杂。

假山的设计与布局应注意以下四个方面的问题：一是满足功能要求。二是明确山体朝向和位置。三假山不宜太高，高度通常10～30米即可。四是假山的设计依照山水画法，做到师法自然。

4.置石

第一，特置。也称孤植、单植，即一块假山石独立成景，是山石的特写处理。特置要求山石体量大、轮廓线突出、体姿奇特、山石色彩突出。特置常作为入口的对景、障景，庭园和小院的主景，道路、河流、曲廊拐弯处的对景。特置山石布置时，要相石立意，注意山石体量与环境相协调。

第二，散置。散置又称"散点"，即多块山石散漫放置，以石的组合衬托环境取胜。这种布置方式可增加某地段的自然属性，常用于园林两侧、廊间、粉墙前、山坡上、桥头、路边等或点缀建筑或装点角隅。散置要有聚散、断续、主次、高低、曲折等变化之分，要有聚有散，有断有续，主次分明，高低参差，前后错落，左右呼应，层次丰富，有立有卧，有大有小，仿佛山岩余脉或山间巨石散落或风化后残余的岩石。

第三，群置。群置即"大散点"，是将多块山石成群布置，作为一个群体来表现。布置时，要疏密有致，高低不一。置石的堆放地相对较多，群置在布局中要遵循石之大小不等、石之高低不等、石之间距远近不等的原则。

第四，对置。对置是沿中轴线两侧做对称位置的山石布置。布置时，要左右呼应、一大一小。在园林设计中，置石不宜过多，多则会失去生机，不宜过少，太少又会失去野趣。设计时，注意石不可杂、纹不可乱、块不可均、缝不可多。

叠山、置石和山石的各种造景，必须统一考虑安全、护坡、登高、隔离等各种功能要求。游人进出的假山，其结构必须稳固，应有采光、通风、排水的措施，并应保证通行安全。叠石必须保持本身的整体性和稳定性。山石衔接及悬挑、假山的山石之间、叠石与其他建筑设施相接部分的结构必须牢固，确保安全。

二、园林水体规划设计

水是园林设计中重要的组成部分，是所有景观元素中最具吸引力的一类要素。我国古代的园林设计，通常用山水树石、亭榭桥廊等巧妙地组成优美的园林空间，将我国的名山大川、湖泊溪流、海港龙潭等自然奇景浓缩于园林设计之中，形成山清水秀、泉甘鱼跃、林茂花好、四季有景的"山水园"格调，使之成为一幅美丽的山水画。

大自然中的水，有静水和动水之分。静态的水，面平如镜，清风掠过水面，碧波粼粼，给人以宁静之感。皓月当空时，月印潭心，为人们提供优美的夜景。还有波澜不惊、锦鳞游泳的各类湖泊，与树林、石桥、建筑、山石彼此辉映，相得益彰；又有幽静、深邃的峡谷深潭，使人联想起多少美丽动人的传说。动态的水，通常给人以活泼、奋发、奔放、洒脱、豪放的感觉。例如，山涧小溪、清泉沿滩泛漫而下，赤足戏水，逆流而上，有轻松、愉快、柔和之感；又如，水从两山或峡谷之间穿过形成的涧流，由于水受两山约束，水流湍急，左避右撞，形成波涛汹涌、浪花翻滚的景观，给人以紧迫、负重之感；再如，水流从高山悬崖处急速直下，犹如布帛悬挂空中，形成瀑布，有的高大好似天上落下的银河，有的宽广宛如一面洁白如练的水墙，瀑底急流飞溅，涛声震天，使人惊心动魄，叹为观止。

（一）园林景观水体规划

1.水体的特征

水之所以成为造园者及观赏者都喜爱的景观要素，是因为除了水是大自然中普遍存在的景象外，还与水本身具有的特征分不开。

（1）水具有独特的质感

水本身是无色透明的液体，具有其他园林要素无法比拟的质感，主要表现在水的"柔"性。古代有以水比德、以水述情的描写，即所谓的"柔情似水"。水独特的质感还表现在水的洁净，水清澈见底而无丝毫的躲藏。在世间万物中，只有水具有本质的澄净，并能洗涤万物。水之清澈、水之洁净，给人以无尽的联想。

（2）水有丰富的形式

水在常温下是一种液体，本身并无固定的形状，其观赏的效果决定于盛水物体的形状、水质和周围的环境。

水的各种形状、水姿都与盛水的容器相关。盛水的容器设计好了，所要达到的水姿就出来了。当然，这也与水本身的质地有关，各种水体用途不同，对水质要求也不尽相同。

（3）水具有多变的状态

水因重力和受外界的影响，常呈现出四种不同的动静状态：一是平静的湖水，安详、朴实；二是因重力影响呈现流动；三是因压力向上喷涌，水花四溅；四是因重力下跌。水也会因气候的变化呈现多变的状态，水体可塑的状态，与水体的动静两宜都给人以遐想。

（4）水具有自然的音响

运动着的水，无论是流动、跌落、喷涌，还是撞击，都会发出各自的音响。水还可与其他要素结合发出自然的音响。

（5）水具有虚涵的意境

水具有透明而虚涵的特性。表面清澈，呈现倒影，能带给人亦真亦幻的迷人境界，体现出"天光云影共徘徊"的意境。

总之，水具有其他园林要素无可比拟的审美特性。在园林设计中，通过对景物的恰当安排，充分体现水体的特征，充分发挥水体的魅力，给园林更深的感染力。

2.园林水体的布局形式

（1）规则式水体

规则式水体包括规则不对称式水体和规则对称式水体。此类水体的外形轮廓是有规律的直线或曲线闭合而形成的几何形，大多采用圆形、方形、矩形、椭圆形、梅花形、半圆形或其他组合类型，线条轮廓简单，有整齐式的驳岸，常以喷泉作为水景主题，并多以水池的形式出现。

规则式水体多采用静水形式，水位较为稳定，变化不大，其面积可大可小，池岸离水面较近，配合其他景物，可形成较好的水中倒影。

（2）自然式水体

自然式水体的外形轮廓由无规律的曲线组成。园林中，自然式水体主要是对原水体进行的改造或者进行人工再造而形成的，是通过对自然界中存在的各种水体形式进行高度概括、提炼、缩拟，用艺术形式表现出来的。

自然式水体大致归纳为两种类型：拟自然式水体和流线型水体。拟自然式水体有溪、涧、河流、人工湖、池塘、潭、瀑布、泉等；流线型水体是指构成水体的外形轮廓自然流畅，具有一定的运动感。自然式水体多采用动水的形式形成流动、跌落、喷涌等各种水体形态，水位可固定也可变化，结合各种水岸处理能形成各种不同的水体景观。自然式水体的驳岸为各种自然曲线的倾斜坡度，且多为自然山石驳岸。

（3）混合式水体

混合式水体是规则式水体与自然式水体有机结合的一种水体类型，富于变化，具有比规则式水体更灵活自由，又比自然式水体易于与建筑空间环境相协调的优点。

3.水体对园林环境的作用

（1）水体的基底作用

大面积的水体视域开阔、坦荡，有托浮岸畔和水中景观的基底作用。当进行大面积的水体景观营造时，要利用大水面的视线开阔之处，利用水面的基底作用，在水面的陆地上充分营造其他非水体景观，并使之倒映在水中。而且要将水中的倒影与景物本身作为一个整体进行设计，综合造景，充分利用水面的基底作用。

（2）水体的系带作用

在园林中，利用线型的水体将不同的园林空间、景点连接起来，形成一定的风景序列；或者利用线型水体将散落的景点统一起来，充分发挥水体的系带作用来创建不同的水体景观。

（3）水体的焦点作用

部分水体所创造的景观能形成一定的视线焦点。动态水景如喷泉、跌水、水帘、水墙、壁泉等，其水的流动形态和声响均能吸引游人的注意力。设计时，要充分发挥此类水景的焦点作用，形成园林中的局部小景或主景。用作焦点的水景，在设计中除处理好水景的比例和尺度外，还要考虑水景的布置地点。

4.水体造景的手法与要求

水景的设计是景观设计的难点。首先它需要根据园林的不同性质、功能和要求，结合水体周围的其他园林要素，如水体周围的温度、光线等自然因素会直接影响水体景观的观赏效果。其次是综合考虑工程技术、景观的需要等确定园林中水体采用何种布局手法，确定水体的大小等，创造不同的水体景观。因此，水景的设计通常是一个园林设计成败的关键之一。水景的设计主要是水形和水质的设计。

（1）水质

水域风景区的水质要根据《地表水环境质量标准》安排不同的活动。水体设计中对水质有较高的要求，如游泳池、戏水池，必须以沉淀、过滤、净化措施或过滤循环方式保持水质或定期更换水体。绝大部分的喷泉和水上世界的水景设计，必须构筑防水层，与外界隔断。要对水体采取相应的保护措施，保证水量充足，达到景观设计要求。同时，要注意水的回收再利用，非接触性娱乐用水与接触性娱乐用水对水质的要求有所不同。

（2）水形

水形是水在园林中的应用和设计。根据水的类型及在园林中的应用，水形可分为点式水景、线式水景和面式水景三种形式。

①点式水体设计

点式水体主要有喷泉和壁泉。喷泉又名喷水，是利用泉水向外喷射而供观赏的重要水景，常与水池、雕塑同时设计，起装饰和点缀园景的作用。喷泉的类型有地泉、涌泉、山泉、间歇泉、音乐喷泉、光控喷泉、声控喷泉等。喷泉的形式也很多，主要有喷水式、溢水式、溅水式等。

喷泉无维度感，要在空间中标志一定的位置，必须向上突起呈竖向线性的特点。一是要因地制宜，根据现场地形结构，仿照天然水景制作而成，如壁泉、涌泉、雾泉、管流、溪流、瀑布、水帘、跌水、水涛、漩涡等。二是完全依靠喷泉设备人工造景。这类水景近年来在建筑领域广泛应用，发展速度很快，种类繁多，有音乐喷泉、声控喷泉、摆动喷泉、跑动喷泉、光亮喷泉、游乐喷泉、超高喷泉、激光水幕电影等。

喷泉设置的地点，宜在人流集中处。一般把它安置在主轴线或透视线上，如建筑物前方或公共建筑物前庭中心、广场中央、主干道交叉口、出入口、正副轴线的交点上、花坛组群等园林艺术的构图中心，常与花坛、雕塑组合成景。

壁泉。壁泉严格来说也是喷泉的一种，一般设置于建筑物或墙垣的壁面，有时设置于水池驳岸或挡土墙上。壁泉由墙壁、喷水口、承水盘和贮水池等组成。墙壁一般为平面墙，也可内凹做成壁龛形状。喷水口多用大理石或金属材料雕成龙头、狮子等动物形象，泉水由动物口中吐出喷到承水盘中，然后由水盘溢入贮水池内。墙垣上装置壁泉，可破除墙面平淡单调的气氛，因此它具备装饰墙面的功能。

在造园构图上常把壁泉设置在透视线、轴线或者园路的端点，故又具备刹住轴线冲力和引导游人前进的功能。

②线式水体

线式水体有表示方向和引导的作用，有联系统一和隔离划分空间的功能。沿着线性水体安排的活动可以形成序列性的水景空间。

溪、涧和河流。溪、涧和河流都属于流水。在自然界中，水源自源头集水而下，到平地时，流淌向前，形成溪、涧及河流水景。溪，浅而阔。溪涧的水面狭窄而细长，水因势而流，不受拘束。水口的处理应使水声悦耳动听，使人犹如置身于真山真水之间。溪涧设计时，源头应做隐蔽处理。

溪、涧、河流、飞瀑、水帘、深潭的独立运用或相互组合，巧妙地运用山体，建造岗、峦、洞、壑，以大自然中的自然山水景观为蓝本，采取置石、筑山、叠景等手法，将从山上流下的清泉建成蜿蜒流淌的小溪或建成浪花飞溅的涧流等，如苏州的虎跑泉等。在平面设计上，应蜿蜒曲折，有分有合，有收有放，构成大小不同的水面或宽窄各异的河流。在立面设计上，随地形变化形成不同高差的跌水。同时应注意，河流在纵深方面上的藏与露。

瀑布。瀑布是由水的落差形成的，属于动水。瀑布在园林中虽用得不多，但它的特点鲜明，既充分利用了高差变化，又使水产生动态之势。例如，把石山叠高，下挖成潭，水自高往下倾泻，击石四溅，俨如千尺飞流，震撼人心，令人流连忘返。

瀑布由五个部分构成：上游水流、落水口、瀑身、受水潭、下游泄水。瀑布按形态不同，可分为直落式、叠落式、散落式、水帘式、喷射式；按瀑布的大小，可分为宽瀑、细瀑、高瀑、短瀑、涧瀑等。人工创造的瀑布，景观是模拟自然界中的瀑布，应按照园林中的地形情况和造景的需要，创造不同的瀑布景观。

跌水。跌水有规则式跌水和自然式跌水之分。所谓规则式跌水，就是跌水边缘为直线或曲线且相互平行，高度错落有致使跌水规则有序。而自然式跌水则不必一定要平行整齐，如泉水从山体自上而下三叠而落，连成一体。

③面式水体

面式水体主要体现静态水的形态特征，如湖、池、沼、井等。面式水体常采用自然式布局，沿岸因境设景，可在适当位置种植水生植物。

湖、池。湖属于静水，在园林中可利用湖获取倒影，扩展空间。在湖体的设计中，主要是湖体的轮廓设计，以及用岛、桥、矶、礁等来分隔而形成的水体景观。

园林中常以天然湖泊作为面式水体，尤其是在皇家园林中，此水景有一望千顷、海阔天空的气派，构成了大型园林的宏旷水景。而私家园林或小型园林中的水体面积较小，其形状可方、可圆、可直、可曲，常以近观为主，不可过分分隔，故给人的感觉古朴野趣。园林中的水池面积可大可小，形状可方可圆，水池除本身外形轮廓的设计外，与环境的有机结合也是水池设计的重点。

潭、滩。潭景一般与峭壁相连，水面不大，深浅不一。大自然的潭周围峭壁嶙峋，俯瞰气势险峻，好似万丈深渊。庭园中潭的创作，岸边宜叠石，不宜披土。光线处理宜荫蔽浓郁，不宜阳光灿烂。水位标高宜低下，不宜涨满。水面集中而空间狭隘是渊潭的创作要点。

滩是水浅而与岸高差很小。滩景可结合洲、矶、岸等，潇洒自如，极富自然。

岛。岛一般是指突出水面的小土丘，属块状岸型。常用的设计手法是岛外水面萦回，折桥相引；岛心立亭，四面配以花木景石，形成庭园水局的中心，游人临岛眺望，可遍览周围景色。该岸型与洲渚相仿，但体积较小，造型也很灵巧。

堤。以堤分隔水面，属带形岸型。在大型园林中，如杭州西湖苏堤，既是园林水局中的堤景，又是诱导眺望远景的游览路线，在庭园里用小堤做景的，多做庭内空间的分割，以增添庭景的情趣。

矶。矶是指突出水面的湖石。属点状岸型，一般临岸矶多与水栽景相配或有远景因借。位于池中的矶，常暗藏喷水龙头，自湖中央溅喷成景，也有用矶做水上亭榭的衬景的。

随着现代园林艺术的发展，水景的表现手法越来越多，它活跃了园林空间，丰富了园林内涵，美化了园林的景致。正是理水手法的多元化，才展现出了园林中水体景观的无穷魅力。

（二）园林水景观的设计原则

1.整体优化原则

景观是由一系列生态系统组成的、具有一定结构与功能的整体。在水生植物景观设计时，应把景观作为一个整体单位来思考和管理。除了水面种植水生植物外，还要注重水池、湖塘岸边耐湿乔灌木的配置。尤其要注意落叶树种的栽植，尽量减少水边植物的代谢产物，以达到整体最佳状态，实现优化利用。

2.多样性原则

景观多样性是描述生态镶嵌式结构的拼块的复杂性、多样性。自然环境的差异会促成植物种类的多样性而实现景观的多样性。景观的多样性还包括垂直空间环境差异而形成的景观镶嵌的复杂程度。这种多样性，通常通过不同生物学特性的植物配置来实现，还可通过多种风格的水景园、专类园的营造来实现。

3.景观个性原则

每个景观都具有与其他景观不同的个性特征，即不同的景观具有不同的结构与功能，这是地域分异客观规律的要求。根据不同的立地条件、不同的周边环境，选用适宜的水生植物，结合瀑布、叠水、喷泉，以及游鱼、水鸟、涉禽等动态景观将会呈现各具特色又丰富多彩的水体景观。

4.遗留地保护原则

遗留地保护原则即保护自然遗留地内的有价值的景观植物，尤其是富有地方特色或具有特定意义的植物，应当充分加以利用和保护。

5.综合性原则

景观是自然与文化生活系统的载体，景观生态规划需要运用多学科知识，综合多种因素，满足人类各方面的需求。水生植物景观不仅要具有观赏和美化环境的功能，其丰富的种类和用途还可作为科学普及、增长知识的活教材。

（三）依水景观的设计

依水景观是园林水景设计中的一个重要组成部分，由于水的特殊性，决定了依水景观的异样性。在探讨依水景观的审美特征时，要充分把握水的特性及水与依水景观之间的关系。利用水体丰富的变化形式，可以形成各具特色的依水景观，园林小品中，亭、桥、榭、舫等都是依水景观中较好的表现形式。

1.依水景观的设计形式

（1）水体建亭

水面开阔舒展，明朗流动，有的幽深宁静，有的碧波万顷，情趣各异，为突出不同的景观效果，一般在小水面建亭宜低邻水面，以细察涟漪。而在大水面，碧波坦荡，亭宜建在临水高台上，以观远山近水，舒展胸怀，各有其妙。

一般临水建亭，有一边临水、多边临水或完全伸入水中及四周被水环绕等多种形式，在小岛上、湖心台基上、岸边石矶上都是临水建亭之所。在桥上建亭，更使水面景色锦上添花，并增加水面空间层次。

（2）水面设桥

桥是人类跨越山河天堑的技术创造，给人带来生活的进步与交通的方便，自然能引起人的美好联想，固有"人间彩虹"的美称。而在中国自然山水园林中，地形变化与水路相隔，非常需要桥来联系交通，沟通景区，组织游览路线，而且更以其造型优美、形式多样作为园林中重要造景建筑之一。因此，小桥流水成为中国园林及风景绘画的典型景色。在规划设计桥时，桥应与园林道路系统配合，联系游览路线与观景点；注意水面的划分和水路通行与通航，组织景区分隔与联系的关系。

（3）依水修榭

榭是园林中游憩建筑之一，建于水边，《园冶》上记载"榭者借也，借景而成者也，或水边或花畔，制亦随态"，说明榭是一种借助于周围景色而见长的园林游憩建筑。其基本特点是临水，尤其着重于借取水面景色。在功能上除应满足游人休息的需要外，还有观景及点缀风景的作用。最常见的水榭形式是：在水边筑一平台，在平台周边以低栏杆围绕，在湖岸通向水面处做敞口，在平台上建起一单体建筑，建筑平面通常是长方形，建筑四面开敞通透或四面做落地长窗。

榭与水的结合方式有很多种。从平面上看，有一面临水、两面临水、三面临水及四面临水等形式，四周临水者以桥与湖岸相连。从剖面上看平台形式，有的是实心土台，水流只在平台四周环绕；而有的平台下部是以石梁柱结构支撑，水流可流入部分建筑底部，甚至有的可让水流流入整个建筑底部，形成驾临碧波之上的效果。

2.临水驳岸形式及其特征

园中水局的成败，除一定的水型外，离不开相应岸型的规划和塑造，协调的岸型可使水局景更好地呈现出水在庭园中的作用和特色，把水面做得更为舒展。岸型属园林的范畴，多顺其自然。园林驳岸在园林水体边缘与陆地交界处，为稳定岸壁，保护河岸不被冲刷或水淹所设置的构筑物（保岸），必须结合所在景区园林艺术风格、地形地貌、地质条件、水面形成材料特性、种植设计，以及施工方法、技术经济要求来选其建筑结构及其建筑结构形式。庭园水局的岸型亦多以模拟自然取胜，我国庭园中的岸型包括洲、岛、堤、矶岸各类形式，不同水型，采取不同的岸型。总之，必须极尽自然，以表达"虽由人作，宛若天开"的效果，统一于周围景色之中。

3.水与动植物的关系

水是植物营养丰富的栖息地，它能滋养周围的植物、鱼和其他野生物。大多数水塘和水池可以饲养观赏鱼类，而较大的水池则是野禽的避风港。鱼类可以自由地生活在溪流和小河中，但溪水和小河更适合植物的生长。池塘中可以培养出茂盛且风格各异的植物，在小溪中精心培育的植物也可称为真正的建筑艺术。

第三节 园林植物种植规划设计

园林植物指具有形体美或色彩美，适应当地气候和土壤条件，在园林景观中起到观赏、组景、庇荫、分隔空间、改善和保护环境及工程防护等作用的植物。植物是园林中有生命的要素，使园林充满生机和活力，植物也是园林组成要素中最重要的要素。园林植物的种植设计既要考虑植物本身生长发育的特点，又要考虑植物对环境的营造，也就是既要讲究科学性，又要讲究艺术性。

一、园林植物的功能作用

（一）园林植物的观赏作用

园林植物作为园林中一个必不可少的设计要素，本身也是一个独特的观赏对象。园林植物的树形、叶、花、干、根等都具有重要的观赏作用，园林植物的形、色、姿、味也有独特而丰富的景观作用。园林植物群体也是一个独具魅力的观赏对象。大片茂密的树林、平坦而开阔的草坪、成片鲜艳的花卉等都带给人们强烈的视觉感觉。

园林植物种类丰富，按植物的生物学特性分类，有乔木、灌木、花卉、草坪植物等；按植物的观赏特征分类，有观形、观花、观叶、观果、观干、观根等类型。

（二）园林植物的造景作用

园林植物具有很强的造景作用，植物的四季景观，本身的形态、色彩、芳香、习性等都是园林造景的题材：第一，园林植物可单独作为主景进行造景，充分发挥园林植物的观赏作用。第二，园林植物可作为园林其他要素的背景，与其他园林要素形成鲜明的对比，突出主景。园林植物与地形、水体、建筑、山石、雕塑等有机配植，将形成优美、雅静的环境，具有很强的艺术效果。第三，利用园林植物引导视线，形成框景、漏景、夹景；利用园林植物分隔空间，增强空间感，达到组织空间的作用。第四，利用园林植物阻挡视线，形成障景。第五，利用园林植物加强建筑的装饰，柔化建筑生硬的线条。第六，利用园林植物创造一定的园林意境。中国的传统文化中，就已赋予了植物一定的人格化。例如，"松、竹、梅"有"岁寒三友"之称，"梅、兰、竹、菊"有"四君子"之称。

二、园林植物种植设计的基本原则

（一）功能性原则

不同的园林绿地具有不同的性能和功能，园林植物的种植设计必须满足园林绿地性质和功能的要求，并与主题相符，与周围的环境相协调，形成统一的园林景观。例如，街道绿化主要解决街道的遮阴和组织交通问题，起到防止眩光及美化市容的作用。因此，选择植物及植物的种植形式要适应这一功能要求。在综合性公园的植物种植设计中，为游人提供各种不同的游憩活动空间，需要设置一定的大草坪等开阔空间，还要有遮阴的乔木、成片的灌木及密林、疏林等。

园林中除了考虑植物要素外，自然界通常是动物、植物共生共荣构成的生物生态景观。在条件允许的情况下，动物景观的规划，如观鱼游、听鸟鸣、莺歌燕舞、鸟语花香等将为园林景观增色很多。

（二）科学性原则

先是要因地制宜，满足园林植物的生态要求，做到适地适树，使植物本身的生态习性与栽植点的生态条件统一。还要考虑植物配置效果的发展性和变动性，有合理的种植密度和搭配。合理设置植物的种植密度，应从长远考虑，根据成年树的树冠大小来确定植物的种植距离。要兼顾速生树与慢生树、常绿树与落叶树之间的比例，充分利用不同生态位植物对环境资源需求的差异，正确处理植物群落的组成和结构，重视生物多样性，以保证在一定的时间植物群落之间的稳定性，增强群落的自我调节能力，维持植物群落的平衡与稳定。

（三）艺术性原则

全面考虑植物在形、色、味、声上的效果，突出季相景观。园林植物配置要符合园林布局形式的要求，同时要合理设计园林植物的季相景观。除了考虑园林植物的现时景观，更要重视园林植物的季相变化及生长的景观效果。园林植物的季相景观变化，能体现园林的时令变化，表现出园林植物特有的艺术效果。例如，春季山花烂漫；夏季荷花映日、石榴花开；秋季硕果满园，层林尽染；冬季梅花傲雪等。首先，是要处理好不同季相植物之间的搭配，做到四季有景可赏。其次，要充分发挥园林植物的观赏特性，注意不同园林植物形态、色彩、香味、姿态及植物群体景观的合理搭配，形成多姿多彩、层次丰富的植物景观。处理好植物与山、水、建筑等其他园林要素之间的关系，从而达到步移景异、时移景异的优美景观。

（四）经济性原则

园林的经济性原则主要是以最少的投入获得最大的生态效益和社会效益。例如，可以保留园林绿地原有的树种，慎重使用大树造景，合理使用珍贵树种，大量使用乡土树种。另外，也要考虑植物种植后的管理和养护费用等。

三、园林植物种植设计的方式与要求

园林植物的种植设计是按照园林绿地总体设计意图，因地制宜、适地适树地选择植物种类，根据景观的需要，采用适当的植物配置形式，完成植物的种植设计，体现植物造景的科学性和艺术性。

园林植物的种植按平面构图可分为自然式、规划式和混合式三种。自然式植物种植以反映自然植物群落之美为目的。花卉布置以花丛、花群为主；树木配置以孤植树、树丛、树林为主，一般不做规则式修剪。规则式的植物种植设计，花卉通常布置成图案花坛、花带、花坛群等，树木配置以行列式和对称式为主，树木都要进行整形修剪。混合式的植物种植设计既有自然式的植物种植设计，也有规划式的植物种植设计。

（一）孤植

孤植是指单株乔木孤立种植的配置方式，主要表现树木的个体美。在配置孤植树时，必须充分考虑孤植树与周围环境的关系，要求体形与其环境相协调，色彩与其环境有一定差异。一般来说，在大草坪、大水面、高地、山冈上布置孤植树，必须选择体量巨大、树冠轮廓丰富的树种，才能与周围大环境取得均衡。同时，这些孤植树的色彩与背景的天空、水面、草地、山林等有差异，形成对比，才能突出孤植树在姿态、体形、色彩上的个体美。在小型的林中草地、较小水面的水滨及小的院落之中布置孤植树，应选择体量小巧、树形轮廓优美的色叶树种和芳香树种等，使其与周围景观环境相协调。

孤植树可布置在开阔大草坪或林中草地的自然重心处，以形成局部构图中心，并注意与草坪周围的景物取得均衡和呼应；可配置在开阔的江、河、湖畔，以清澈的水色作为背景，使其成为一个景点；配置在自然式园林中的园路或水系的转弯处、假山蹬道口及园林的局部入口处，作焦点树或诱导树；布置在公园铺装广场的边缘或园林建筑附近铺装场地上，用作庭荫树。

孤植树对树种的选择要求较高，一般要求树木形体高大、姿态优美、树冠开张、体形雄浑、枝叶茂盛、生长健壮、寿命较长、不含毒素、没有污染、具有一定的观赏价值的树种。常见适宜作孤植树的树种有香樟、榕树、悬铃木、朴树、雪松、银杏、七叶树、广玉兰、金钱松、油松、桧柏、白皮松、枫香、白桦等。

（二）对植

对植是指两株植物按照一定的轴线关系对称或均衡种植的配置方式。它主要用于强调公园、建筑、道路、广场的入口，用作入口栽植和诱导栽植。对植配置形式有对称式和非对称式配置。

1.对称式对植

对称式对植即采用同一树种、同一规格的树木依据主体景物的中轴线做对称布置，两树的连线与轴线垂直并被轴线等分。一般选择冠形规整的树种。此形式多运用于规则式种植环境之中。

2.非对称式对植

非对称式对植即采用种类相同，但大小、姿态不同的树木，以主体景物中轴线为支点取得均衡关系，沿中轴线两侧做非对称布置。其中，稍大的树木离轴线垂直距离较稍小的树木近些，且彼此之间要有呼应，要顾盼生情，以取得动势集中和左右均衡。可采用株数不同，但树种相同的树木，如左侧是一株大树，右侧为同种的两株小树，也可以两侧是相似而不相同的两个树种，还可以两侧是外形相似的两个树丛。此形式多运用于自然式种植环境之中。

（三）列植

列植是指树木按一定的株行距成行成列地栽植的配置方式。列植形成的景观比较整齐、单纯，列植与道路配合，可构成夹景。列植多运用于规则式种植环境中，如道路、建筑、矩形广场、水池等附近。

列植的树种宜选择树冠体形比较整齐的树种，树冠为圆形、卵圆形、椭圆形、圆锥形等。栽植间距取决于树木成年冠幅大小、苗木规格和园林主要用途，如景观、活动等。一般乔木采用3～8米，灌木为1～5米。

列植的栽植形式主要有等行等距和等行不等距两种基本形式。可采用单纯列植和混合列植，单纯列植是同一规格的同一树种简单的重复排列，具有强烈的统一感和方向性，但相对单调、呆板。混合列植是用两种或两种以上的树木进行相间排列，形成有节奏的韵律变化。混合列植因树种的不同，会产生不同的色彩、形态、季相等变化，从而丰富了植物景观。但是，树种不宜超过三种，否则会显得杂乱无章。

（四）丛植

丛植通常是指由两株到十几株同种或异种树木组合种植的配置方式。将树木成丛地种植在一起，即称之为丛植。丛植所形成的种植类型就是树丛。树丛的组合，主要表现的是树木的群体美，彼此之间既有统一的联系，又有各自的变化。但也必须考虑其统一构图表现出单株的个体美。因此，选择作为组成树丛的单株树木的条件与选孤植树相类似，必须选择在庇荫、姿态、色彩、芳香等方面有特殊观赏价值的树木。树丛可做主景、配景、障景、隔景或背景等。

（五）群植

用数量较多的乔灌木（或加上地被植物）配植在一起形成一个整体，称为群植。群植所形成的种植类型称为树群。树群的株数一般在20株以上。树群与树丛不仅在规格、颜色、姿态、数量上有差别，而且在表现的内容方面也有差异。树群表现的是整个植物体的群体美，主要观赏它的层次、外缘和林冠等，并且树群树种选择对单株的要求没有树丛严格。树群可以组织园林空间层次，划分区域；也可以组成主景或配景，起隔离、屏障等作用。

树群的配植因树种的不同，可组成单纯树群或混交树群。树群内的植物栽植距离要有疏密变化，要构成不等边三角形，不能成排、成行、成带地等距离栽植，应注意树群内部植物之间的生态关系和植物的季相变化，使整个树群四季都有变化。树群通常布置在有足够观赏视距的开阔场地上，如靠近林缘的大草坪、宽阔的林中空地、水中的小岛屿上、宽广水面的水滨及山坡、土丘上等。作为主景的树群，其主要立面的前方，至少要有树群高度的4倍、树群宽度的1.5倍的距离，要留出空地，以便游人观赏。

（六）林植

当树群面积、株数都足够大时，它既构成森林景观，又发挥特别的防护功能。这样的大树群，则称为林植。林植所形成的种植类型，称为树林，又称风景林。它是成片、成块、大量栽植乔灌木的一种园林绿地。

树林按种植密度，可分为密林和疏林；按林种组成，可分为纯林和混合林。密林的郁闭度可达70% ~ 95%。由于密林郁闭度较高，日光透入很少，林下土壤潮湿，地被植物含水量大，质地柔软，经不起践踏，并且容易污染人们的衣裤，故游客一般不便入内游览和活动。而其间修建的道路广场相对要多一些，以便容纳一定的游客，林地道路广场密度为5%～10%。疏林的郁闭度则为40%～60%。纯林树种单一，生长速度一致，形成的林缘线单调平淡，而混交林树种变化多样，形成的林缘线季相变化复杂，绿化效果也较生动。

树林在园林绿地面积较大的风景区中应用较多，多用于大面积公园的安静休息区、风景游览区或休养、疗养区及卫生防护林带等。

（七）篱植

绿篱是耐修剪的灌木或小乔木，以相等的株行距、单行或双行排列而组成的规则绿带，是属于密植行列栽植的类型之一。它在园林绿地中的应用很广泛，形式也较多。

绿篱按修剪方式，可分为规则式和自然式。按观赏和实用价值，可分为常绿篱、落叶篱、彩叶篱、花篱、果篱、编篱、蔓绿篱等；按高度，可分为绿篱、高绿篱、中绿篱及矮绿篱。绿篱，在人视线高度160厘米以上；高绿篱，高度为120～160厘米，人的视线可通过，但不能跳越；中绿篱，高度为50～120厘米；矮绿篱，高度在50厘米以下，人们能够跨越。

篱植在园林中的作用有：围护防范，作为园林的界墙；模纹装饰，作为花镜的"镶边"，起构图装饰作用；组织空间，用于功能分区，起组织和分隔空间的作用，还可组织游览路线，起导游作用；充当背景，作为花镜、喷泉、雕塑的背景，丰富景观层次，突出主景；障丑显美，作为绿化屏障，掩蔽不雅观之处；或作为建筑物的基础栽植、修饰墙脚等。

（八）草本花卉的种植设计

草本花卉可分为一、二年生草本花卉和多年生草本花卉。株高一般为10～60厘米。草本花卉表现的是植物的群体美，是最柔美、最艳丽的植物类型。草本花卉适用于布置花坛、花池、花境或做地被植物使用。主要作用是烘托气氛、丰富园林景观。

1.花坛

花坛是指在具有一定几何轮廓的种植床内，种植各种不同色彩的观花、观叶与观景的园林植物，从而构成富有鲜艳色彩或华丽纹样的装饰图案以供观赏。花坛在园林构图中常作为主景或配景，它具有较高的装饰性和观赏价值。

花坛按形式不同，可分为独立花坛、组合花坛、花群花坛；依空间位置不同，可分为平面花坛、斜面花坛、立体花坛；按种植材料不同，可分为盛花花坛（花丛式花坛）、草皮花坛、木本植物花坛、混合花坛；依花坛功能不同，可分为观赏花坛、标记花坛、主题花坛、基础花坛、节日花坛等。

花坛设计包括花坛的外形轮廓、花坛高度、边缘处理、花坛内部的纹样、色彩设计及植物的选择。

花坛突出的是图案构图和植物的色彩，花坛要求经常保持整齐的轮廓，因此多选用植株低矮、生长整齐、花期集中、株型紧凑而花色艳丽（或观叶）的种类。一般还要求便于经常更换及移栽布置，故常选用一、二年生花卉。花坛色彩不宜太多，一般以2～3种为宜，色彩太多会给人以杂乱无章的感觉。植株的高度和形状对花坛纹样与图案的表现效果有密切关系。花坛的外形轮廓图样要简洁，轮廓要鲜明，形体有对比才能获得良好的效果。

花坛的体量大小、布置位置都应与周围的环境相协调。花坛过大，观赏和管理都不方便。一般独立花坛的直径都在8米以下，过大时内部要用道路或草地分割构成花坛群。带状花坛的长度不少于2米，也不宜超过4米，并在一定的长度内分段。

为了避免游客踩踏装饰花坛，在花坛的边缘应设置边缘石及矮栏杆，也可在花坛边缘种植一圈装饰性植物。边缘石的高度一般为10～15厘米，最高不超过30厘米，宽度为10～15厘米。若花坛的边缘兼作园凳则可增高至50厘米，具体视花坛大小而言。花坛边缘矮栏杆的设计宜简单，高度不宜超过40厘米，边缘石和矮栏杆都必须与周围道路和广场的铺装材料相协调。若为木本植物花坛时，矮栏杆可用绿篱代替。

2.花境

花境也称境界花坛，是指位于地块边缘、种植花卉灌木的一种狭长的自然式园林景观布置形式。它是模拟林缘地带各种野生花卉交错生长状态，创造的植物景观。

花境的平面形状较自由灵活，可以直线布置，如带状花坛，也可以做自由曲线布置，内部植物布置是自然式混交的，花境表现的主题是花卉群体形成的自然景观。

花境可分为单面观赏和双面观赏两大类型。单面观赏的花境，高的植物种植在后面，低矮的种植在前面，宽度一般为2～4米，一般布置在道路两侧、草坪的边缘、建筑物四周等，其花卉配置方法可采用单色块镶嵌或各种草花混杂配置。双面观赏的花境，高的植物种植在中间，低矮的种植在两边，中间的花卉高度不能超过游人的视线，可供游人两面观赏，不须设背景。一般布置于道路、广场、草地的中央。理想的花境应四季有景可观，同时创造错落有致，花色层次分明、丰富美观的立面景观。

3.花池和花台

花池和花台是花坛的特殊种植形式。凡种植花卉的种植槽，高者为台，低者为池。花台距地面较高，面积较小，适合近距离观赏，主要表现观赏植物的形姿、花色，闻其花香，并领略花台本身的造型之美。花池可以种植花木或配置假山小品，是中国传统园林最常用的种植形式。

4.花带

将花卉植物呈线性布置，形成带状的彩色花卉线。一般布置于道路两侧或草坪中，沿着道路向绿地内侧排列，形成层次丰富的多条色彩效果。

（九）水生植物的种植设计

水生花卉是指生长在水中、沼泽地或潮湿土壤中的观赏植物。它包括草本植物和水生植物。从狭义的角度讲，水生植物是指泽生、水生并具有一定观赏价值的植物。

水生植物不仅是营造水体景观不可或缺的要素，而且在人工湿地废水净化过程中起着重要的作用。水生植物设计时，要根据植物的生态习性，创造一定的水面植物景观，并依据水体大小与周围环境考虑植物的种类和配置方式。若水体小，用同种植物；若水体大，可用几种植物。但应主次分明，布局时应疏密有致，不宜过分集中、分散。水生植物在水中不宜满池布置或环水体一圈设计，应留出一定的水面空间，保证1/3的绿化面积即可。水生植物的种植深度一般在1米左右，可在水中设种植床、池、缸等，满足植物的种植深度。

（十）攀缘植物的种植设计

攀缘植物指茎干柔弱纤细，自己不能直立向上生长，必须以某种特殊方式攀附于其他植物或物体之上才能正常生长的一类植物。攀缘植物有一、二年生的草质藤本，多年生的木质藤本，有落叶类型，也有常绿类型。

攀缘植物种植设计又称垂直绿化，可形成丰富的立体景观。在城市绿化和园林建设中，广泛地应用攀缘植物来装饰街道、林荫道，以及挡土墙、围墙、台阶、出入口、灯柱、建筑物墙面、阳台、窗台灯等，或用攀缘植物装饰亭子、花架、游廊等。

（十一）地被植物的设计

地被植物是指生长的低矮紧密、繁殖力强、覆盖迅速的一类植物。它包括蕨类、球根、宿根花卉、矮生灌木及攀缘植物。

地被植物的主要作用是覆盖地表，起到黄土不见天的作用。园林中，地被植物的应用应注重其色彩、质感、紧密程度，以及同其他植物的协调性。

草坪是地被植物中应用最为广泛的一类。其主要的功能是为园林绿地提供一个有生命力的底色，因草坪低矮、空旷、统一，能同植物及其他园林要素较好地结合，草坪的应用更为广泛。

草坪的设计类型及应用多种多样。草坪按功能不同，可分为观赏草坪、游憩草坪、体育草坪、护坡草坪、飞机场草坪及放牧草坪；按组成的不同，可分为单一草坪、混合草坪和缀花草坪；按规划设计的形式不同，可分为规则式草坪和自然式草坪。

四、乔木种植注意事项

乔木种植设计时，因乔木分枝点高，不占用人的活动空间，距路面（铺装地）0.5米以上即可，也可种于场地中间，土层厚度1米以上。灌木形体小，分枝点低，会占用人的活动空间。种植时，距铺装路面1米以上。

第四节　园林建筑与小品规划设计

园林建筑是指在园林绿地中具有造景功能，同时能供观赏、游览、休息的各类建筑物和构筑物的通称。园林建筑小品指经过设计者艺术加工处理，体量小巧、类型多样、内容丰富多彩，具有独特的观赏与使用功能的小型建筑设施和园林环境艺术景观。

在园林设计中，园林建筑与小品比起山、水、植物较少受到条件的制约，人工的成分最多，是造园的四个主要要素中运用最为灵活的要素，在园林设计中占有十分重要的地位。随着工程技术与材料科学的发展和人类审美观念的提升，又赋予了园林建筑与小品新的意义，其形式也越来越复杂多样。园林建筑与小品的多样性、时代性、区域性、艺术性，也赋予了园林建筑与小品的设计新的使命。

一、园林建筑与小品的类型和特点

（一）园林建筑与小品的类型

按园林建筑与小品的使用功能来进行分类，园林建筑与小品大致可分为以下五种类型。

1.服务性建筑与小品

服务性建筑与小品其使用功能主要是为游客提供一定的服务，兼有一定的观赏作用，如摄影服务部、冷饮室、小卖部、茶馆、餐厅、公用电话亭、栏杆、厕所等。

2.休息性建筑与小品

休息性建筑与小品也称游憩性建筑与小品，具有较强的公共游憩功能和观赏作用，如亭、台、楼、榭、舫、馆、塔、花架、园椅等。

3.专用建筑与小品

专用建筑与小品主要是指使用功能较为单一、为满足某些功能而专门设计的建筑和小品，如展览馆、陈列室、博物馆、仓库等。

4.装饰性建筑与小品

装饰性建筑与小品主要是指具有一定使用功能和装饰作用的小型建筑设施，其类型较多。例如，各种花钵、饰瓶，装饰性的日晷、香炉，各种景墙、景窗等，以及结合各类照明的小品，在园林中都起装饰点缀的作用。

5.展示性建筑与小品

展示性建筑与小品如各种广告板、导游图板、指路标牌，以及动物园、植物园和文物古建筑的说明牌、阅报栏、图片画廊等，都对游人有宣传、教育的作用。

（二）园林建筑与小品的特点

1.园林建筑的特点

园林建筑只是建筑中的一个分支，同其他建筑一样都是为了满足某些物质和精神的功能需要而构造的。但园林建筑在物质和精神功能方面与其他的建筑不一样，表现为以下三个特点。

（1）特殊的功能性

园林建筑主要是为了满足人们的休憩和文化娱乐生活，除了具有一定的使用功能，更须具备一定的观赏性功能。因此，园林建筑的艺术性要求较高，应具有较高的观赏价值并富有诗情画意。

（2）设计灵活性大

园林建筑因受到休憩娱乐生活的多样性和观赏性的影响，在设计时，受约束的强度小，园林建筑从数量、体量、布局地点、材料、颜色等都应具有较强的自由度，使设计的灵活性增强。

（3）园林建筑的风格要与园林的环境相协调

园林建筑是建筑与园林有机结合的产物。在园林中，园林建筑不是孤立存在的，需要与山、水、植物等有机结合，相互协调，共同构成一个具观赏性的景观。

2.园林建筑小品的特点

（1）具有较强的艺术性和较高的观赏价值

园林建筑小品具有艺术化、景致化的作用，在园林景观中具有较强的装饰性，增添了园林气氛。

（2）表现形式与内容灵活多样，丰富多彩

园林建筑小品经过精心加工与艺术处理，其结构和表现形式多种多样，外形变化大，景观艺术丰富多彩。在园林中，园林建筑小品能起到画龙点睛和吸引游客视线的作用。

（3）造型简洁、典雅、新颖

园林建筑小品形体小巧玲珑，形式活泼多样，姿态千差万别，且由于现代科学技术水平的提高，使得建筑小品的造型及特点越来越多。园林建筑小品造型上要充分考虑与周围环境的特异性，要富有情趣。

二、园林建筑与小品的功能和作用

（一）园林建筑与小品的使用功能

园林建筑与小品是供人们使用的设施，具有使用功能，如休憩、遮风避雨、饮食、体育、文化活动等。

（二）园林建筑与小品的景观功能

园林建筑与小品在园林绿地中作为景观，起着重要的作用，可作为园林的构图中心，是主景，起到点景的作用，如亭、水榭等；可作为点缀，烘托园林主景，起配景或辅助作用，如栏杆、灯等；园林建筑还可分隔、围合或组织空间，将园林划分为若干空间层次；园林建筑也可起到导与引的作用，有序组织游客对景物的观赏。

三、园林建筑与小品的设计原则

园林建筑与小品的艺术布局内容广泛，在设计时应与其他要素结合，根据绿地的要求设计出不同特色的景点，注意造型、色彩、形式等的变化。在具体设计时，应注意遵循以下原则。

（一）满足使用功能的需要

园林建筑与小品的功能是多种多样的，它对游客的作用非常大，可以满足游客游览时进行的一些活动，缺少了它们将会给游客带来很多不方便，如小卖部、园椅桌、厕所等。

（二）注重造型与色彩，满足造景需要

园林建筑与小品设计时灵活多变，不拘泥于特定的框架，首先，可根据需要来自由发挥，灵活布局。其布局位置、色彩、造型、体量、比例、质感等均应符合景观的需要，注重园林建筑与小品的造型和色彩，增强建筑与小品本身的美观和艺术性。其次，也能利用建筑与小品来组织空间、组织画面，丰富层次，达到良好的效果。

（三）注重园林建筑小品的立意与布局，与绿地艺术形式相协调

园林绿地艺术布局的形式各不相同，园林建筑与小品应与其相协调，做到情景交融。要与各个国家、各个地区的历史、文化等相结合，表达一定的意境和情趣。例如，主题雕塑要具有一定的思想内涵，注重情景交融，表现较强的艺术感染力。

（四）注重空间的处理，讲究空间渗透与层次

园林建筑与小品虽然体量小，结构简单，但园林建筑小品中的墙、花架、园桥等在划分空间、空间渗透及水面空间的处理上具有一定的作用。因此，也要注重园林建筑小品所起的空间作用，讲究空间的序列变化。

四、园林建筑与小品设计

（一）亭

亭是园林中应用较为广泛的园林建筑，已成为我国园林的象征。亭可满足园林游憩的要求，可点缀园林景色，构成景观；可作为游人休息凭眺之所，可防日晒、避雨淋、消暑纳凉、畅览园林景致，深受游人的喜爱。

1.亭的形式

亭的形式有很多，按平面形式，可分为圆形亭、长方形亭、三角形亭、四角形亭、六角形亭、八角形亭、蘑菇亭、伞亭、扇形亭；按屋顶形式，可分为单檐、重檐、三重檐、攒尖顶、歇山顶、平顶；按布置位置，可分为山亭、桥亭、半亭、路亭；按其组合不同，可分为单体式、组合式和与廊墙相结合的形式。现代园林多用水泥、钢、木等多种材料，制成仿竹、仿松木的亭，有些山地或名胜地，用当地随手可得的树干、树皮、条石构亭，亲切自然，与环境融为一体，更具地方特色，造型丰富，性格多样，具有很好的效果。

2.亭的设计

亭在园林中常作为对景、借景、点缀风景用，也是人们游览、休息、赏景的最佳处。它主要是为了解决人们在游赏活动的过程中驻足休息、纳凉避雨、纵目眺望的需要，在使用功能上没有严格的要求。

亭在园林布局中，其位置的选择极其灵活，不受格局所限，可独立设置，也可依附于其他建筑物而组成群体，更可结合山石、水体、大树等，得其天然之趣，充分利用各种奇特的地形基址创造出优美的园林意境。

（1）山上建亭

山上建亭丰富了山体轮廓，使山色更有生气。常选择的位置有山巅、山腰台地、悬

崖峭峰、山坡侧旁、山洞洞口、山谷溪涧等处。亭与山的结合可以共筑成景，成为一种山景的标志。亭立于山顶可升高视点俯瞰山下景色，如北京香山公园的香炉峰上的重阳阁方亭。亭建于山坡可做背景，如颐和园万寿山前坡佛香阁两侧有各种亭对称布置，甚为壮观。山中置亭有幽静深邃的意境，如北京植物园内的拙山亭。山上建亭有的是为了与山下的建筑取得呼应，共同形成更美的空间。只要选址得当、形体合宜，山与亭相结合能形成特有的景观。颐和园和承德避暑山庄全园大约有1/3的亭子建在山上，取得了很好的效果。

（2）临水建亭

水边设亭，一方面是为了观赏水面的景色；另一方面也可丰富水景效果。临水的岸边、水边石矶、水中小岛、桥梁之上等都可设亭。

水面设亭一般应尽量贴近水面，宜低不宜高，可三面或四面临水。凸出水中或完全驾临于水面之上的亭，也常立基于岛、半岛或水中石台之上，以堤、桥与岸相连。为了造成亭子有漂浮于水面的感觉，设计时还应尽可能把亭子下部的柱墩缩到挑出的底板边缘的后面去，或选用天然的石料包住混凝土柱墩，并在亭边的沿岸和水中散置叠石，以增添自然情趣。

水面设亭体量上的大小，主要看它所面对的水面的大小而定。位于开阔湖面的亭子尺度一般较大，有时为了强调一定的气势和满足园林规划的需要，还把几个亭子组织起来，成为一组亭子组群，形成层次丰富、体型变化的建筑形象，给人以强烈的印象。

（3）平地建亭

平地建亭，位置随意，一般建于道路的交叉口上、路侧林荫之间。有的被一片花木山石所环绕，形成一个小的私密性空间环境；有的在自然风景区的路旁或路中筑亭作为进入主要景区的标志。平地建亭充分体现休息、纳凉和游览的作用。

3.亭与植物结合

亭与园林植物结合通常能产生较好的效果。亭旁种植植物应有疏有密，精心配置，不可壅塞，要有一定的欣赏、活动空间。山顶植树更须留出从亭往外看的视线空间。

4.亭与建筑的结合

亭可与建筑相连，亭也可与建筑分离，作为一个独立的单体存在。把亭置于建筑群的一角，使建筑组合更加活泼生动。亭还经常设立于密林深处、庭院一角、花间林中、草坪中、园路中间及园路侧旁等平坦处。

（二）廊

廊是有顶盖的游览通道。廊具有联系功能，将园林中各景区、景点联成有序的整体；廊可分隔并围合空间；调节游园路线；廊还有防雨淋、躲避日晒的作用，形成休憩、赏景的佳境廊。

1. 廊的形式

廊根据立面造型，可分为空廊（双面空廊）、半廊（单面空廊）、复廊、双层廊（又称复道阁廊）等；根据平面形式，可分为直廊、曲廊（波折廊）和回廊；根据位置不同，可分为平地廊、爬山廊和水廊。

2. 廊的设计

在园林的平地、水边、山坡等各种不同的地段上都可建廊。由于不同的地形与环境，其作用及要求也各不相同。

（1）平地建廊

常建于草坪一角、休息广场中、大门出入口附近，也可沿园路或用来覆盖园路或与建筑相连等。

（2）水边或水上建廊

水边或水上建廊一般称为水廊，供欣赏水景及联系水上建筑之用，形成以水景为主的空间。

（3）山地建廊

供游山观景和联系山坡上下不同标高的建筑物之用，也可借以丰富山地建筑的空间构图。爬山廊有的位于山之斜坡，有的依山势蜿蜒转折而上。

（三）榭

榭是园林中游憩建筑之一，建于水边，故也称"水榭"。榭一般借助周围景色而构成，面山对水，望云赏月，借景而生，有观景和休息的作用。

1. 榭的形式

榭的结构依照自然环境的不同有各种形式。它的基本形式是在水边架起一个平台，平台一半伸入水中（将基部石梁柱伸入水中，上部建筑形体轻巧，似凌驾于水上），一半架立于岸边，平面四周以低平的栏杆相围绕，然后在平台上建起一个单体建筑物，其临水一侧特别开敞，成为人们在水边的一个重要休息场所。例如，苏州拙政园的"芙蓉榭"、网师园的"濯缨水阁"等。榭与水体的结合方式有多种，有一面临水、两面临水、三面临水及四面临水（有桥与湖岸相接）等形式。

2. 榭的设计

榭的位置宜选择在水面有景可借之处，同时要考虑对景、借景的安排，建筑及平台尽量低临水面。如果建筑或地面离水面较高时，可将地面或平台做下沉处理，以取得低临水面的效果。榭的建筑要开朗、明快，要求视线开阔。

（四）舫

舫是建于水边的船形建筑。主要供人们在内游玩饮宴，观赏水景，会有身临其境之感。舫一般由三部分组成：前舱较高，设坐槛、椅靠；中舱略低，筑矮墙；尾舱最高，多为两层，以做远眺，内有梯直上。舫的前半部多三面临水，船首一侧常设有平桥与岸相连，仿跳板之意。通常下部船体用石建，上部船舱则多木结构。由于像船但不能动，故也名"不系舟"，也称旱船。例如，苏州拙政园的"香洲"、怡园的"画舫斋"、北京颐和园的石舫等都是较好的实例。

舫的选址宜在水面开阔处，既可使视野开阔，又可使舫的造型较完整地体现出来。并注意水面的清洁，避免设在容易积污垢的水区。

（五）花架

花架是攀缘植物攀爬的棚架，又是人们消夏、避荫的场所。花架的形式主要有单片花架、独立花架、直廊式花架、组合式花架。

花架在造园设计中通常具有亭、廊的作用。做长线布置时，就像游廊一样能发挥建筑空间的脉络作用，形成导游路线。同时，可用来划分空间，增加风景的深度。做点状布置时，就像亭子一样，形成观赏点。

在花架设计的过程中，应注意环境与土壤条件，使其适应植物的生长要求。要考虑到没有植物的情况下，花架也具有良好的景观效果。

（六）园门、园窗、园墙

1.园门

园门有指示导游和点缀装饰作用，园门形态各异，有圆形、六角形、八角形、横长、直长、桃形、瓶形等形状。如在分隔景区的院墙上，常用简洁且直径较大的圆洞门或八角形洞门，便于人流通行；在廊及小庭院等小空间处所设置的园门，多采用较小的秋叶瓶、直长等轻巧玲珑的形式，同时门后常置以峰石、芭蕉、翠竹等构成优美的园林框景或对景。

2.园窗

园窗一般有空窗和漏窗两种形式。空窗是指不装窗扇的窗洞，它除能采光外，常作为框景，与园门景观设计相似，其后常设置石峰、竹丛、芭蕉之类，通过空窗，形成一幅幅绝妙的图画，使游人在游赏中不断获得新的画面感受。空窗还有使空间相互渗透、增加景深的作用。它的形式有很多，如长方形、六角形、瓶形、圆形、扇形等。

漏窗可用以分隔景区空间，使空间似隔非隔，景物若隐若现，起到虚中有实、实中有虚、隔而不断的艺术效果，而漏窗自身有景，逗人喜爱。漏窗窗框形式繁多，有长方形、圆形、六角形、八角形、扇形等。

3.园墙

园墙在园林建筑中一般是指围墙和屏壁（照壁），也称景墙。它们主要用于分隔空间、丰富景致层次及控制、引导游览路线等，是空间构图的一项重要手段。园墙的形式很多，如云墙、梯形墙、白粉墙、水花墙、漏明墙、虎皮石墙等。景墙也可作背景，景墙的色彩、质感既要有对比，又要协调；既要醒目，又要调和。

（七）雕塑

雕塑是指具有观赏性的小品雕塑，主要以观赏和装饰为主。它不同于一般的大型纪念性雕塑。园林绿地中的雕塑有助于表现园林主题、点缀装饰风景、丰富游览内容。

1.雕塑类型

雕塑按性质不同，可分为以下几种类型：纪念性雕塑，多布置在纪念性园林绿地中；主题性雕塑，有明确的创作主题，多布置在一般园林绿地中；装饰性雕塑，以动植物或山石为素材，多布置在一般园林绿地中。按照形象不同，可分为人物雕塑、动物雕塑、抽象雕塑、场景雕塑等。

2.雕塑的设计

雕塑一般设立在园林主轴线上或风景透视线的范围内，也可将雕塑建立于广场、草坪、桥畔、山麓、堤坝旁等。雕塑既可孤立设置，也可与水池、喷泉等搭配。有时，雕塑后方可密植常绿树丛，作为衬托，则更使所塑形象鲜明突出。

园林雕塑的设计和取材应与园林建筑环境相协调，要有统一的构思，使雕塑成为园林环境中一个有机的组成部分。雕塑的平面位置、体量大小、色彩、质感等方面都要进行全面的考虑。

（八）园桥

园桥是园林风景景观的一个重要组成部分。它具有三重作用：一是悬空的道路，起组织游览线路和交通的功能，并可交换游人景观的视觉角度；二是凌空的建筑，点缀水景，本身就是园林一景，可供游人赏景、游憩；三是分隔水面，增加水景层次。

1.园桥的种类

园桥因构筑材料不同，可分为石桥、木桥、钢筋混凝土桥等；根据结构不同，有梁式与拱式、单跨与多跨之分，其中拱桥有单曲拱桥和双曲拱桥两种；按形式不同，可分为贴临水面的平桥，起伏带孔的拱桥，曲折变化的曲桥，桥上架屋的亭桥、廊桥等。

2.园桥的设计

园桥的设计要注意以下三点：桥的造型、体量应与园林环境、水体大小相协调。桥与岸相接处要处理得当，以免生硬呆板。桥应与园林道路系统配合，以起到联系游览线路和观景的作用。

（九）园椅、园桌、园凳

园椅、园凳可供人休息、赏景之用。同时，这些桌椅本身的艺术造型也能装点园林景色。园椅一般布置在人流较多、景色优美的地方，如树荫下、水池旁、路旁、广场、花坛等游客须停留休息的地方。有时，还可设置园桌，供游人休息娱乐用。

园椅、园凳设计时，应尽量做到构造简单、坚固舒适、造型美观，易清洁，耐日晒雨淋，其图案、色彩、风格要与环境相协调。常见形式有直线长方形、方形，曲线环形、圆形，直线加曲线及仿生与模拟形等。此外，还有多边形或组合形，也可与花台、园灯、假山等结合布置。

园椅、园凳的设计，应注意以下五个方面的问题：一是应结合游人体力、行程距离或经一定高程的升高，在适当的位置设休息椅。二是根据园林景致布局的需要，设园凳以点缀环境。如在风景优美的一隅、林间花畔、水边、崖旁、各种活动场所周围，小广场周围、出入口等处，可设园椅。三是园路两旁设园椅宜交错布置，不宜正面相对，可将视线错开。四是路旁设园椅，不宜紧贴路边，须退出一定的距离，也可构成袋形地段，以种植物做适当隔离，形成安静环境。路旁拐弯处设园椅时，要辟出小空间，可缓冲人流。五是规则式广场园椅设置宜周边布置，有利于形成中心景物及人流通畅。不规则式广场园椅可依广场形状、人流路线设置。

（十）园灯

园灯既能照明，又有点缀园林环境的功能。园灯一般宜设在出入口、广场、交通要道、园路两侧、台阶、桥梁、建筑物周围、水景、喷泉、水池、雕塑、花坛、草坪边缘等。园灯的造型不宜复杂，切忌施加烦琐的装饰，通常以简单的对称式为主。

（十一）栏杆

栏杆是由外形美观的短柱和图案花纹，按一定间隔（距离）排成栅栏状的构筑物。栏杆在园林中主要起防护、分隔作用，同时利用其节奏感，发挥装饰园景的作用。有的台地栏杆可做成坐凳形式，既可防护，又供休息。

栏杆的造型须与环境协调，在雄伟的建筑环境内，须配坚实而具庄重感的栏杆；在花坛边缘或园路边可配灵活轻巧、生动活泼的修饰性栏杆。栏杆的高度随环境和功能要求的不同，有较大的变化。设在台阶、坡地的一般防护栏杆高度可为85～95厘米；但在悬崖峭壁的防护栏杆，高度应在人的重心以上，为110～120厘米；广场花坛旁栏杆，不宜超过30厘米；设在水边、坡地的栏杆，高度为60～85厘米；坐凳式栏杆凳的高度以

40 ~ 45厘米为宜。

（十二）宣传牌、宣传廊

宣传廊、宣传牌主要用于展览和宣传。它具有形式灵活多样、造型轻巧玲珑、占地少及造价低廉和美化环境等特点，适于各类园林绿地中布置。

宣传廊、宣传牌一般设置在游人停留较多之处，但又不可妨碍行人来往，故须设在人流路线之外，廊、牌前应留有一定空地，作为观众参观展品的空间。它们可与挡土墙、围墙结合，或与花坛、花台相结合。宣传廊、宣传牌的高度多为2.2 ~ 2.4米，其上下边线宜为1.2 ~ 2.2米。

（十三）其他公用类建筑设施

其他公用类建筑设施主要包括电话、通信、导游、路标、停车场、存车处，供电及照明、供水及排水设施，以及标志物、果皮箱、饮水站、厕所等。

第四章　园林水景工程施工

第一节　人工湖工程与水池工程施工

一、人工湖工程施工

（一）施工前的准备工作

在施工前要做好详细的现场勘察，对施工范围内地上及地下的障碍物进行确认和记录，并确认处理方法。对现场的土质情况进行勘察，若池底做简易防水施工，须检验基址土质的渗水情况和地下水位的高低情况，以验证图纸中池底结构是否合理，结合实际情况制订施工计划。

1.图纸准备

认真核对所有资料，仔细分析设计图纸，并按设计图纸确定土方量。

2.勘察现场

根据工程图纸针对施工项目的现场条件进行全面考察，包括经济、地理、地质、气候、法律环境等情况，对工程建设项目一般应至少了解以下内容。

一是施工现场是否达到规划设计材料的条件。

二是施工的地理位置和地形、地貌。

三是施工现场的地址、土质、地下水位、水文等情况。

四是施工现场的气候条件，如气温、湿度、风力等。

五是现场的环境，如交通、供水、供电、污水排放等。

六是临时用地、临时设施搭建等，即工程施工过程中临时使用的工棚、堆放材料的库房及这些设施所占地方等。

3.考察基址渗漏状况

部分湖底的渗透性特别小，好的湖底全年水量损失占水体体积5% ~ 10%，因此不需要特别的湖底处理，适当夯实即可；一般湖底水量损失10% ~ 20%；较差的湖底20% ~ 40%，以此制定施工方法及工程措施。

4.做好排水处理

湖体施工时排水尤为重要。如水位过高，施工时可用多台水泵排水，也可通过梯级排水沟排水，由于水位过高，为避免湖底受地下水的挤压而被抬高，必须特别注意地下水的排放。通常用15厘米厚的碎石层铺设整个湖底，上面再铺5~7厘米厚沙子就足够了。如果这种方法还无法解决，则必须在湖底开挖环状排水沟，并在排水沟底部铺设带孔聚氯乙烯（PVC）波纹管，四周用碎石填塞，会取得较好的排水效果。

通常基址条件较好的湖底不做特殊处理，适当夯实即可。但渗漏性较严重的必须采取工程手段。常见的措施有灰土层湖底、塑料薄膜湖底和混凝土湖底等做法。

（二）基础放样及开槽

1.基础放样

严格依据施工图纸要求进行放线，放线时可根据图纸中所绘制的方格网进行。这种放线方法适用于不规则图形的放线。水平放线时，利用经纬仪和钢尺，在施工场地内把施工图的方格网测设到实地，打桩时，先沿湖池外缘15~30厘米打一圈木桩，第一根桩为基准桩，其他桩皆以此为准。基准桩即是湖体的池缘高度，打桩时要注意保护好标志桩、基准桩。

然后，将水池驳岸线与方格网的各个交点的位置准确地测设在现场的方格网上，并用平滑的石灰线连接各交点。桩打好后并预先准备好开挖方向及土方堆积方法。在撒石灰线的过程中，可根据自然曲线的要求进行简单调整，以达到自然、美观的效果。所放出的平滑曲线即为水池基础的施工范围。竖向放线时，根据图纸要求，利用水准仪进行竖向放线，对测设好的标高点进行打桩，并在桩上做好标高的标记。

2.开槽

人工湖开槽可以采取人工开槽与机械开槽相结合的方法。在开槽的过程中，注意操作范围应向外增加一定宽度的工作面，首先，由机械进行粗糙施工，以便快速完成绝大多数的土方挖掘任务；其次，由人工对基槽内机械不便施工的位置进行挖掘，对自然式驳岸线进行细致的雕琢，并对较陡的边坡进行加固；最后，对基槽底部进行平整。在机械施工过程中注意桩点的保护，以便于后期施工。所挖出的表土可先堆放在基槽外围，以便施工结束后的回填或用于种植植物。使用机械将基槽夯实坚固密实后，利用水准仪对基槽进行标高校对（校对的精确度取决于所选择的校对点的多少）。若基槽标高低于设计标高时，应用原土回填并夯实。开槽过程中如有地下水渗出，应及时排除。

（三）湖底施工

湖底做法应因地制宜。大面积湖底适宜于灰土做法；较小的湖底可以用混凝土做法；

铺塑料薄膜适合湖底渗漏中等的情况。

水池池底做法为素土夯实加500毫米厚3：7灰土（石灰和土按体积比为3：7的比例混合。若使用黏性土配制时，灰土强度比砂性土所配制的灰土强度高出1～2倍）分层夯实。石灰和土在使用前必须过筛，土的粒径不得大于15毫米，灰的粒径不得大于5毫米。把石灰和土搅拌均匀，并控制加水量，以保证灰土的最佳使用效果。将拌好的灰土均匀倒入槽内指定的地点，但不得将灰土顺槽帮流入槽内，若用人工夯筑灰土时，每层填入的灰土约25厘米厚，夯实后灰土约为15厘米厚。采用蛙式夯实机进行夯实时，每层填入的灰土厚20～25厘米。夯实是保证灰土基础质量的关键，打夯的遍数以使灰土的密实度达到规范所规定的数值为准，并确保表面无松散、起皮现象。在夯实过程中可适当洒水，以提高夯实的质量。夯打完后及时加以覆盖，防止日晒雨淋。

（四）湖岸施工

1.垫层施工

做法是在素土夯实的基础上，加100毫米厚碎石垫层。碎石材料宜质地坚硬、强度均匀，最大粒径不得大于垫层厚度的2/3。碎石应级配均匀，在填筑前应做级配试验，以保证符合技术要求。碎石垫层应分层铺筑，每层厚度一般为15～20厘米，不宜超过30厘米，并用木桩控制每层的厚度及垫层的标高。碎石铺设时应处于同一标高上，当池底深度不同时，应将基土面挖成踏步或斜坡形，搭接处应注意压实，施工顺序为先浅后深。若填筑时发现局部碎石级配不均，应将其挖出，并用符合级配要求的碎石回填。碎石垫层夯实前应适当洒水，使碎石的含水量保持在8%～12%，相邻的夯实位置应有一定的搭接，夯实次数应不少于3遍。在最后一遍夯实前应拉线找平，以便夯实后达到设计标高。

2.混凝土墙体施工

混凝土保证搅拌均匀，若在加有添加剂的条件下施工时（粉末状添加剂同水泥一并加入，液体状添加剂与水同时加入），应延长搅拌时间。在浇筑前，应清除模板和钢筋上的杂物、污垢，将搅拌好的混凝土浇入事先做好的模具内，每浇筑一层混凝土都应及时均匀振捣。混凝土振捣采用赶浆法，以保证上下层混凝土接茬部位结合良好，并防止漏振，确保混凝土密实。振捣上一层时应插入下层约50毫米，以消除两层之间的接槎。振捣棒移动的间距，应能保证振动器的有效覆盖范围，以振实振动部位的周边。浇筑结束后注意混凝土墙体的覆盖及浇水养护。

3.湖石安装施工

石材应选择未经切割过，并显示出风化痕迹的石块，或被河流、海洋强烈冲击或侵蚀的石块，这样的石块能显示出平实、沉着的感觉。最佳的石材颜色是蓝绿色、棕褐色、红色或紫色等柔和的色调。石形应选择自然形态，无论石材的质量高低，石种必须统一，不然会使局部与整体不协调，导致总体效果不伦不类、杂乱。造石无贵贱之分，就地取材，随类赋型，最有地方特色的石材也最为可取。以自然观察之理组合山石成景，才富有自然活力。施工时必须从整体出发，这样才能使石材与环境相融洽，形成自然的和谐美。

（五）收尾施工

当湖岸施工结束后，需要对湖岸墙体靠近陆地一侧的施工预留工作面进行回填，回填时可选择3∶7灰土，并分层进行夯实，确保土体不会发生渗透和坍塌现象；也可用级配砂石进行回填并夯实。完成给排水、溢水管线和设备的安装，并完成与水池相结合造景的植物和植物相关小品的施工。若池内有水生植物，需在水中放置种植器皿，或在池底填入一定厚度的种植土。

（六）试水

根据设计要求，对水池的给排水设备进行检验，查看其是否通畅，设备运转是否正常。检查人工湖的防水效果是否达到设计要求，有无渗水现象的发生。

二、水池工程施工

（一）施工前的准备工作

1.资料确认

施工前要认真阅读图纸，熟悉水池设计图的结构和喷泉系统的特点，认真阅读施工说明书的内容，对工程做全面、细致的了解，解决相关疑问。

2.现场准备工作

在施工前要做好详细的现场勘察，对施工范围内地上及地下的障碍物进行确认和记录，并确认处理方法。

3.施工人员、工具、材料的准备

对施工人员进行喷泉水池施工基本技能的培训，组织学习与喷泉水池施工相关的技术要求和施工标准。工具准备齐全，选择符合要求的施工材料，并提供样品给甲方或监理人员进行检验，检验合格后按要求的数量进行购买。

（二）基础放样及开槽

1.基础放样

严格依据施工图纸的要求进行放线，由于该工程喷泉水池为规则几何形状，所以采用精度较高的放线方法。平面放线时，在现场找到放线基准点，以便确定水池的准确位置，利用经纬仪和钢卷尺测设平面控制点，测设好的点的位置上要打上木桩做好标记，并用线绳或石灰做好桩之间的连接。平面放线结束，利用水准仪进行竖向放线，放线前先设定水池喷泉周围硬化地面的标高为±0.000，对测设好的标高点进行打桩，并在桩上做好施工标高标记。

2.开槽

喷泉水池的基础占地面积较小，可以采取人工开槽的方法进行施工。在开槽的过程中注意操作范围应向外增加30厘米的工作面，以便于施工。挖掘过程中由中间向四周进行，同时注意基槽四周边坡的修整和坡度控制，防止土方的塌落。挖出的表土可先堆放在基槽外围，以便施工结束后的回填。挖槽的深度不宜一次性挖掘至放线深度，当挖至距设计标高还有2~3厘米时即可停止，因为此时槽内土壤已经松动，在夯实的过程中槽底标高还会下降一定的距离。若一次性挖掘到要求的深度会导致夯实后的槽底标高低于设计标高，导致人力和财力的浪费。夯实过程应按从周边向中心的顺序反复进行，夯实至槽内地面无明显震动时方可停止，结束后注意基槽的清理和保护。有一些给水及循环管线埋置在水池下，所以要进行预埋。施工结束后，应由专门人员对基槽的尺寸、深度和夯实质量进行检验，以保证工程质量。

（三）基础施工

施工前先对基槽进行清理。严格按配比的要求将石子、沙子、水泥和水进行混合，并搅拌均匀。填筑时，垫层的占地面积应略大于水池面积，当混凝土浇入后，及时用插入式振捣器进行快插慢拔的搅拌，插点应均匀排列，逐点进行，振捣密实，不得遗漏，防止空隙的出现和气泡的存在。浇筑完成后，注意检查混凝土表面的平整度及是否达到垫层的设计标高。在垫层施工结束后的12小时内，对其加以覆盖和浇水养护，养护期一般不少于7个昼夜。养护期内严禁任何人员踩踏；若发生降雨，应用塑料布覆盖垫层表面，并在基槽边缘挖排水槽以便排除槽内积水。

（四）池底及池壁的施工

1.池底施工

混凝土垫层浇完隔1~2天（应视施工时的温度而定），在垫层面测量确定底板中心，然后根据设计尺寸进行放线，定出柱基及底板的边线，画出钢筋布线，依线绑扎钢筋，接着安装柱基和底板外围的模板。

在绑扎钢筋时，应详细检查钢筋的直径、间距、位置、搭接长度、上下层钢筋的间距、保护层及埋件的位置和数量，看其是否符合设计要求。

底板应一次连续浇完，不留施工缝。施工间歇时间不得超过混凝土的初凝时间。

2.池壁施工

水池采用垂直形池壁，垂直形的优点是池水降落之后，不至于在池壁淤积泥土，从而使低等水生植物无从寄生，同时易于保持水面洁净。

做水泥池壁，尤其是矩形钢筋混凝土池壁时，应先做模板并固定。目前有无撑支模及有撑支模两种方法，有撑支模为常用的方法。外砖墙砌筑完成后，内模可在钢筋绑扎完毕后一次立好。浇捣混凝土时操作人员可进入模内振捣，并应用串筒将混凝土灌入，分层浇捣。矩形池壁拆模后，应将外露的止水螺栓头割去。

池壁施工有以下要点。

一是水池施工时所用的水泥标号不宜低于425号，水泥品种应优先选用普通硅酸盐水泥，不宜采用火山灰质硅酸盐水泥和粉煤灰硅酸盐水泥。所用石子的最大粒径不宜大于40毫米，吸水率不大于1.5%。

二是池壁混凝土每立方米水泥用量不少于320千克，含砂率宜为35%～40%，灰砂比为（1∶2）～（1∶2.5），水灰比不大于0.6。

三是固定模板用的铁丝和螺栓不宜直接穿过池壁。当螺栓或套管必须穿过池壁时，应采取止水措施。常见的止水措施有：螺栓上加焊止水环、套管上加焊止水环、螺栓加堵头。

四是在池壁混凝土浇筑前，应先将施工缝处的混凝土表面凿毛，清除浮粒和杂物，用水冲洗干净，保持湿润。再铺上一层厚20～25毫米的水泥砂浆。水泥砂浆所用材料的灰砂比应与混凝土材料的灰砂比相同。

五是浇筑池壁混凝土时，应连续施工，一次浇筑完毕，不留施工缝。

六是池壁有密集管群穿过、预埋件或钢筋稠密处浇筑混凝土有困难时，可采用相同抗渗等级的细石混凝土浇筑。

七是池壁上有预埋大管径的套管或面积较大的金属板时，应在其底部开设浇筑振捣孔，以利排气、浇筑和振捣。

八是池壁混凝土凝结后，应立即进行养护，并充分保持湿润，养护时间不得少于14个昼夜。拆模时池壁表面温度与周围气温的温差不得超过15℃。

3.工程质量要求

一是砖壁砌筑必须做到横圆竖直，灰浆饱满。不得留踏步式或马牙槎。

二是钢筋混凝土壁板和壁槽灌缝之前，必须将模板内杂物清除干净，用水将模板湿润。

三是池壁模板不论采用无支撑法还是有支撑法，都必须将模板紧固好，防止混凝土浇筑时，模板发生变形。

四是为加强水池防水效果，防渗混凝土可掺用素磺酸钙减水剂，掺用减水剂配制的混凝土，耐油、抗渗性好，而且节约水泥。

五是在底板、池壁上要设有伸缩缝。底板与池壁连接处的施工缝可留在基础上20毫米处。施工缝可留成台阶形、凹槽形，加金属止水片或遇水膨胀橡胶带。

六是水池混凝土强度的好坏，养护是重要的一环。底板浇筑完后，在施工池壁时，应注意养护，保持湿润。池壁混凝土浇筑完后，在气温较高或干燥情况下，过早拆模会引起混凝土收缩产生裂缝。因此，应继续浇水养护，底板、池壁和池壁灌缝的混凝土的养护期应不少于14天。

（五）防水施工

防水处理的方法是铺设SBS防水卷材，这是在水景施工过程中常用的一种防水做法。注意水池的池底和池壁都应进行防水处理。

SBS防水卷材是采用SBS改性沥青浸渍和涂盖胎基，两面涂以弹性体或塑料体沥青涂盖层，上面涂以细砂或覆盖聚乙烯膜所制成的防水卷材，具有良好的防水性能和抗老化性能，并具有高温不流淌、低温不脆裂、施工简便、无污染，使用寿命长的特点。SBS防水卷材尤其适用于寒冷地区、结构变形频繁地区的防水施工。

铺设SBS防水卷材的施工工艺流程如下。

1.基层清理

施工前对验收合格的混凝土表面进行清理，最好用湿布擦拭干净。

2.涂刷基层处理剂

在需要做防水的部位，表面满刷一道用汽油稀释的氯丁橡胶沥青胶黏剂，涂刷过程应仔细，不要有遗漏，涂刷过程应由一侧开始，以防止涂刷后的处理剂被施工人员践踏。

3.铺贴附加层

在水池内的预埋竖管的管根、阴阳角部位加铺一层SBS改性沥青防水卷材，按规范及设计要求将卷材裁成相应的形状进行铺贴。

4.铺贴卷材

铺贴前，将SBS改性沥青防水卷材按铺贴长度进行裁剪并卷好备用，操作时将管径30的管穿入卷材的卷心，卷材端头对齐起铺点，点燃汽油喷灯或专用火焰喷枪加热基层与卷材交接处，喷枪距加热面保持30厘米左右的距离，往返喷烤、观察、当卷材的沥青刚刚熔化时，手扶管心两端向前缓缓滚动铺设。要求用力均匀、不窝气，铺设压边宽度应掌握好，长边搭接宽度为8厘米，短边搭接宽度为10厘米。铺设过程中尽可能保证熔化的沥青上不粘有灰尘和杂质，以保证粘贴的牢固性。

5.热熔封边

卷材搭接缝处用喷枪加热，压合至边缘挤出沥青粘牢。卷材末端收头用沥青嵌缝膏嵌固填实。

6.保护层施工

表面做水泥砂浆或细石混凝土保护层；池壁防水层施工完毕，应及时撒石碴，之后抹水泥砂浆保护层。

（六）面层施工

面层施工在混凝土及砖结构的池塘施工中是一道十分重要的工序。它使池面平滑，有利于水池使用安全。如果池壁表面粗糙，也不便于池塘处理。施工时应注意以下要点。

一是抹灰前将池内壁表面凿毛，不平处铲平，并用水冲洗干净。

二是抹灰时可在混凝土墙面上刷一遍薄的纯水泥浆，以增加黏结力。

三是应采用325号普通水泥配制水泥砂浆，配合比1∶2必须称量准确，可掺适量防水粉，拌和要均匀。

四是底层灰不宜太厚，一般在5～10毫米。第二层将墙面找平，厚度为5～12毫米。第三层面层进行压光，厚度为2～3毫米。

五是砖壁与钢筋混凝土底板结合处，要特别注意操作，加强转角抹灰厚度，使其呈圆角，防止渗漏。

（七）收尾及试水

在收尾施工过程中尤其要注意细节的处理。管线与水池的衔接部位仍有空隙存在，对这些部位需要先进行混凝土填充，然后进行防水施工和面层的处理。

在收尾工程结束后进行试水验收。试水的主要目的是检验结构安全度，检查施工质量。首先在水池内注入一定量的水，并做好水位线的标记，24小时后检查标记线的位置，看水池内的水有无明显减少，以此检验防水施工的质量。在注水的过程中注意观察给、排水管线的接缝处是否有漏水现象，若发现水池有漏水现象，须准确查找漏水部位，并重新进行防水施工。

第二节　溪涧工程与瀑布工程施工

一、溪涧工程施工

（一）施工前的准备工作

1.资料确认

溪涧是蜿蜒曲折、高差逐渐变化的连续带状水体。根据此特点，在施工之前要认真阅读图纸，详细了解溪涧的走向、水面宽度、高差变化等特点，为后期施工打下良好的基础。

2.现场勘察

在施工前要做详细的现场勘察。认真勘察溪涧沿途的地貌特征、地质特点、原地形标高等项目，为制订施工计划和施工方案做好第一手资料准备。

3.施工人员、工具、材料的准备

在溪涧施工前，对施工人员进行溪涧施工特点、相关施工工艺的培训，并由专人对其进行技术交底和任务分配，以保证施工的质量和效率。根据施工组织方案的要求，准备相关施工工具，保证施工工具在施工前进场。按图纸要求采购溪涧施工的相关材料，先将所选材料样品报送甲方或监理，待验收合格后方可采购。

（二）溪槽放线和溪槽挖掘

1.溪槽放线

溪涧蜿蜒曲折、时宽时窄，所以放线时为保证精确度可采用方格网法。操作步骤为：将图纸上的方格网按要求测放在施工场地内，用石灰粉、黄沙等在地面上勾画出溪涧的轮廓。同时注意给水管线的走向，在溪涧的转弯点和宽窄变化较多处应加密桩点，以确保曲线位置的准确。溪涧的河床标高有连续的变化，所以在进行竖向放线时，各桩点所在位置的设计高程要清晰地标注在木桩上；若遇变坡点要做特殊标记，以提醒施工人员注意。

2.溪槽挖掘

溪槽按设计要求挖掘，最好选择人工挖掘的方法。溪槽的开挖要保证有足够的宽度和深度，以便安装装饰用石。在挖掘过程中注意木桩上标记的设计标高，开槽时挖出的表土可作为溪涧两侧的种植土使用。若溪涧较长，可采取分段同时施工的方法，并在施工过程中注意相邻的施工段在槽底标高和槽宽方面的衔接。溪槽夯实结束后，应对槽底进行细致检查，对于不符合标高要求的部位进行人工修整。

（三）溪底施工

在素土夯实的基槽上，用6%水泥石粉做100毫米厚垫层，垫层制作过程中应保证垫层的均匀度，夯实后应对垫层标高进行检查，以符合设计标高要求。水泥石粉垫层之上做100毫米厚C25钢筋混凝土垫层，溪底配筋严格按施工要求制作，混凝土按要求比例混合并搅拌均匀，浇筑前应提交样品送检，检验合格后方可浇筑。混凝土制作过程中随做随压平、打光，为后期防水施工做准备，并检查标高是否符合要求。

溪底面层鹅卵石的施工工艺流程为：在基层上先刷洗（1∶0.4）~（1∶0.5）的素水泥浆结合层，一边刷一边抹找平层，其上抹20毫米厚的1∶3干硬性水泥浆，并用铁抹子搓平，再把鹅卵石铺嵌在上面，用木抹子压实、压平后撒上干水泥，用喷雾器进行喷水洗刷，保持接缝平直、宽窄均匀、颜色一致。施工后第二天用保护膜盖上并充分浇水保养。嵌卵石时要注意卵石之间应紧密，不要留过大的间隙，以保证最佳的效果。

当用防水卷材做防水层时，应注意所铺防水卷材的宽度应略宽于溪涧的垫层，并用石块压紧，以防止漏水。若溪涧进行分段施工时，应在相邻两端衔接的位置处做搭接处理，注意每层都要搭接，尤其是防水层。

（四）溪壁施工

溪壁为毛石砌体，在施工过程中要注意溪壁的防水处理，材料与溪底相同即可，施工时保证溪底与溪壁的防水层有一定的搭接。在毛石砌体的表面用20毫米厚的1∶3水泥砂浆粘贴湖石作为装饰，粘贴前应先对湖石进行预摆，以选择最佳的石材摆放角度及最佳的摆放位置，湖石安装时注意水泥砂浆尽可能地不暴露在外。如果溪涧的环境开朗，水面宽且水浅，可用平整的草坪做护坡，并沿驳岸线点缀卵石封边，以起到驳岸的作用。

（五）管线安装

溪涧的出水口及管线应隐藏，对于提前预埋的管线应注意质量的严格检验，并埋藏于相应的位置和恰当的深度。后期安装的管线和设备要遵循有关施工规程，管线安装后要进行密封，并注意防水施工时不要有遗漏。

（六）收尾及试水

溪涧主体施工结束后，根据图纸要求对施工现场进行整理，尤其是溪壁位置放置的湖石或卵石尽可能自然，并做好配景植物的种植。根据现场情况可在河床上放置卵石，以使水面产生轻柔的涟漪，更富于自然情趣。根据设计要求，对水池的给排水设备检验，查看其是否通畅，电气设备是否正常。检查水池的防水效果是否达到设计要求，有无渗水现象的发生。

二、瀑布工程施工

（一）施工前的准备工作

1.资料确认

在施工以前要认真阅读图纸，熟悉瀑布设计图的结构特点，认真阅读施工说明书的内容，对工程做全面、细致的了解，解决相关疑问。详细了解瀑布的高度、水面宽度、高差等数据，为后期施工打下良好的基础。

2.现场准备工作

在施工前要做好详细的现场勘察，对施工范围内地上及地下的障碍物进行确认和记录，并确认处理方法。了解瀑布基址的土质情况，并制订相应的施工方案。

3.施工人员、工具、材料的准备

施工前，对施工人员进行瀑布结构特点、施工工艺等内容进行培训，并由专人对其进行技术交底和任务分配，以保证施工的质量和效率。

根据图纸要求，选择符合要求的施工材料，并提供样品给甲方或监理人员进行检验，检验合格后按要求的数量进行购买。

（二）瀑布施工

1.现场放线

根据现场勘察，按照施工设计图样，用石灰在地面上勾画出瀑布的轮廓，注意落水口与承水潭的高程关系，同时将顶部蓄水池和承水潭用石灰或沙子放出。还应注意循环供水线路的走向。

2.管线安装

管线安装应结合假山施工同步进行。

3.顶部蓄水池施工

顶部蓄水池采用混凝土做法。

4.承水潭施工

首先，用电动夯机进行素土夯实，然后铺上200毫米厚的级配砂石垫层，接着现浇钢筋混凝土，最后用防水水泥砂浆砌卵石饰面。另外，凡瀑布流经的岩石缝隙都应封死，以免将泥土冲刷至潭中，影响瀑布水质。

5.瀑布落水口的处理

瀑布落水口的处理是关键。为保证瀑布效果，要求堰口水平光滑，可采用下列处理办法。

一是将落水口处的山石做卷边处理。

二是堰唇采用青铜或不锈钢制作。

三是适当增加堰顶蓄水池深度。

四是在出水管口处设置挡水板，降低流速。

五是将出水口处山石做拉道处理，凿出细沟，使瀑布呈丝带状滑落。

6.瀑布装饰与试水

根据设计的要求对瀑道和承水潭进行必要的点缀，如种上卵石、水草，铺上净沙、散石，必要时安装灯光系统。试水前应将瀑道全面清洁，并检查管路的安装情况。而后打开水源，注意观察水流，如达到设计要求，说明瀑布施工合格。

第三节　喷泉工程施工

一、喷泉的布置形式

喷泉有很多种类和形式，如果进行大体上的区分，可以分为以下四类。

（一）普通装饰性喷泉

它是由各种普通的水花图案组成的固定喷水型喷泉。

（二）与雕塑结合的喷泉

喷泉的各种喷水花与雕塑、观赏柱等共同组成景观。

（三）水雕塑

用人工或机械塑造出各种大型水柱的姿态。

（四）自控喷泉

一般用各种电子技术，按设计程序来控制水、光、音、色，形成多变奇异的景观。

二、喷泉布置要点

在选择喷泉位置，布置喷水池周围的环境时，首先，要考虑喷泉的主题、形式，要与环境相协调，把喷泉和环境统一考虑，用环境渲染和烘托喷泉，并达到美化环境的目的，或借助喷泉的艺术联想，创造意境。喷水池的形式有自然式和整形式两种。喷水的位置可以居于水池中心，组成图案，也可以偏于一侧或自由布置。其次，要根据喷泉所在地的空间尺度来确定喷水的形式、规模及喷水池的大小比例。

三、喷泉的给排水系统

喷泉的水源应为无色、无味、无有害杂质的清洁水。因此，喷泉除用城市自来水作为水源外，也可用地下水；其他像冷却设备和空调系统的废水也可作为喷泉的水源。

（一）喷泉的给水方式

1.直流式供水（自来水供水）

流量在2～3升/秒以内的小型喷泉，可直接由城市自来水供水，使用后的水排入雨水管网。

2.离心泵循环供水

为了确保水具有必要的、稳定的压力，同时节约用水，减少开支，对于大型喷泉，一般采用循环供水。循环供水的方式可以设水泵房。

3.潜水泵循环供水

将潜水泵直接放置于喷水池中较隐蔽处或低处，直接抽取池水向喷水管及喷头循环供水。这种供水方式较为常见，一般多适用于小型喷泉。

4.高位水体供水

在有条件的地方，可以利用高位的天然水塘、河渠、水库等作为水源向喷泉供水，水用过后排放掉。为了确保喷水池的卫生，大型喷泉还可设专用水泵，以供喷水池水的循环，使水池的水不断流动；并在循环管线中设过滤器和消毒设备，以消除水中的杂物、藻类和病菌。

喷水池的水应定期更换。在园林或其他公共绿地中，喷水池的废水可以和绿地喷灌或地面洒水等结合使用，做水的二次使用处理。

（二）喷泉管线布置

大型水景工程的管道可布置在专用或共用管沟内，一般水景工程的管道可直接敷设在水池内。为保持各喷头的水压一致，宜采用环状配管或对称配管，并尽量减少水头损失。每个喷头或每组喷头前宜设置调节水压的阀门。对于高射程喷头，喷头前应尽量保持较长的直线管段或设整流器。

喷泉给排水管网主要由进水管、配水管、补充水管、溢流管和泄水管等组成。其布置要点如下。

由于喷水池中水的蒸发及在喷射过程中有部分水被风吹走等，造成喷水池内水量的损失，因此，在水池中应设补充水管。补充水管和城市给水管相连接，并在管上设浮球阀或液位继电器，随时补充池内水量的损失，以保持水位稳定。

为了防止因降雨使池水上涨而设的溢水管，应直接接通雨水管网，并应有不小于3%的坡度；溢水口的设置应尽量隐蔽，在溢水口外应设拦污栅。

泄水管直通雨水管道系统，或与园林湖池、沟渠等连接起来，使喷泉水泄出后作为园林其他水体的补给水。也可供绿地喷灌或地面洒水用，但须另行设计。

在寒冷地区，为防冻害，所有管道均应有一定坡度，一般不小于2%，以便冬季将管道内的水全部排空。

连接喷头的水管不能有急剧变化，如有变化，必须使管径逐渐由大变小。另外，在喷头前必须有一段适当长度的直管，管长一般不小于喷头直径的20～30倍，以保持射流稳定。

四、施工

（一）准备工作

1.资料确认

熟悉设计图纸。首先对喷泉设计图有总体的分析和了解，体会其设计意图，掌握设计手法，在此基础上进行施工现场勘察。对现场施工条件要有总体把握，哪些条件可以充分利用，哪些必须清除等。

2.现场准备工作

布置好各种临时设施、职工生活及办公用房等。仓库按需而设，做到最大限度地降低临时性设施的投入。

组织材料、机具进场。各种施工材料、机具等应有专人负责验收登记，要有购料计划，进出库时要履行手续，认真记录，并保证用料规格质量。

做好劳务调配工作。应视实际的施工方式及进度计划合理组织劳动力，特别采用平行施工或交叉施工时，更应重视劳力调配，避免窝工浪费。

（二）喷泉施工

核对永久性水准点，布设临时水准点，核对高程。

测设水槽中心桩，管线原地面高程，施放挖槽边线，堆土和堆料界线及临时用地范围。

槽开挖时严格控制槽底高程决不超挖，槽底高程可以比设计高程提高10厘米，做预留部分，最后用人工清挖，以防槽底被扰动而影响工程质量。槽内挖出的土方，堆放在距沟槽边沿1.0米以外，土质松软危险地段采用支撑措施以防沟槽塌方。

槽底素土夯实，槽四边周围使用MU5.0毛石和M5水泥砂浆砌筑。

一是浇筑方法：要求一次性浇筑完成，不留施工缝，加强池底及池壁的防渗水能力。混凝土浇筑采用从底到上"斜面分层、循序渐进、薄层浇筑、自然流淌、连续施工、一次到顶"的浇筑方法。

二是振捣：应严格控制振捣时间、振捣点间距和插入深度，避免各浇筑带交接处的漏振。提高混凝土与钢筋的握裹力，增大密实度。

三是表面及泌水处理：浇筑成型后的混凝土表面水泥砂浆较厚，应按设计标高用刮尺刮平，赶走表面泌水。初凝前，反复碾压，用木抹子搓压表面 2～3 遍，以弥补裂缝。

四是混凝土养护：如工程施工正值秋季，中午、夜晚温差较大，为保证混凝土施工质量，控制温度裂缝的产生，须采取蓄水养护。蓄水前，先盖一层塑料薄膜、一层草袋，进行保湿临时养护。

溢水、进水管线的安装参照设计图纸。

按照设计图纸安装喷头、潜水泵、控制器、阀门等。

喷水试验和喷头、水形调整。

第四节　驳岸工程施工

不同园林环境中，水体的形状、面积大小和基本景观各不相同，其岸坡的设计形式和结构形式也相应有所不同。在什么样的水体中选用什么样的岸坡，要根据岸坡本身的适用性和环境景观的特点而确定。

一、水体驳岸施工

水体驳岸的施工材料施工做法，随岸坡的设计形式不同而有一定的差别。但在多数岸坡种类的施工中，也有一些共同的要求。在一般岸坡施工中，都应坚持就地取材的原则。就地取材是建造岸坡的前提，它可以减少投入在砖石材料及其运输上的工程费用，有利于缩短工期，也有利于形成地方土建工程的特色。

（一）重力式驳岸施工

1.混凝土重力式驳岸

目前常采用 C10 块石混凝土做岸坡墙体。施工中，要保证岸坡基础埋深在 80 厘米以上，混凝土捣制应连续作业，以减少两次浇注的混凝土之间留下的接缝。岸壁表面应尽量处理光滑，不可太粗糙。

2.块石砌重力式驳岸

用 M2.5 水泥砂浆做胶结材料，分层砌筑块石构成岸体，使块石结合紧密、坚实、整体性良好。临水面的砌缝可用水泥砂浆抹成平缝，但为了美观好看，也可勾成凸缝或凹缝。

3.砖砌重力式驳岸

用 MU7.5 标准砖和 M5 水泥砂浆砌筑而成，岸壁临水面用 1 ∶ 3 水泥砂浆粉面，还可在外表面用 1 ∶ 2 水泥砂浆加 3% 防水粉做成防水抹面层。

（二）干砌块石岸坡做法

这种岸坡一般采用直径在300毫米以上的块石砌成，砌筑上又可分为干砌和浆砌两种。干砌适用于斜坡式块石岸坡，一般采用接近土壤的自然坡，其坡度为（1：1.5）～（1：2），厚度为25～30厘米；基础为混凝土或浆砌块石，其厚为300～400毫米，须做在河底自然倾斜线的实土以下500毫米处，否则易坍塌。同时，在顶部可做压顶，用浆砌块石或素混凝土代之。浆砌块石岸坡的做法是：尽可能选用较大块石，以节省水池的石材用量，用M2.5水泥砂浆砌筑。为使岸坡整体性加强，常做混凝土压顶。压顶混凝土内放 φ26统长钢筋，其构造基本上同挡土墙。

（三）虎皮石岸坡施工

在背水面铺上宽500毫米的级配砂带，以减少冬季冻土对岸坡的破坏。常水位以下部分用M5砂浆砌筑块石，外露部分抹平。常水位以上部分用块石混凝土浇灌，使岸体整体性好，不易沉陷。岸顶用预制混凝土块压顶，向水面挑出50毫米，压顶混凝土块顶面高出最高水位300～400毫米。岸壁斜坡坡度1：10左右，每隔15米设伸缩缝，用涂有防腐剂的木板嵌入，上砌虎皮石，用水泥砂浆勾隙2～3毫米宽为宜。

（四）自然山石驳岸施工

在常水位线以下的岸体部分，可按设计做成块石重力式挡土墙、砖砌重力式墙、干砌块石岸坡等。在常水位线上下，用M2.5水泥砂浆砌自然山石做岸顶。砌筑山石的时候，一定要注意使山石的大小搭配、前后错落、高低起伏，使岸边轮廓线凹深凸线，曲折变化，决不能像砌墙一样做得整整齐齐。石块与石块之间的缝隙要用水泥石浆缝口，可用同种山石的粉末敷在表面，稍稍按实，待水泥完全硬化以后，就可很好地掩饰缝口。待山石驳岸砌筑完全后，要在石块背后用泥土填实筑紧，使山石与岸土结合一体。然后种植花草藻木或铺植草皮，即可完工。

二、施工中的注意事项

园林水体岸坡工程施工过程中，为了保证工程质量和施工安全，应当注意以下四点。

第一，严格管理，并按工程规范严格施工。这项要求是保证岸坡工程质量好坏的关键。

第二，岸坡施工前，一般应放空湖水，以便于施工，新挖湖池应在蓄水之前进行岸坡施工。属于城市排洪河道、蓄洪湖泊的水体，可分段围堵截流，排空作业现场围堰以内的水。选择枯水期施工，如枯水位距施工现场较远，当然也就不必放空湖水再施工，岸坡采用灰土基础时，应以干旱季节施工为宜，否则会影响灰土的凝结。浆砌块石施工中，砌筑要密实，要尽量减少缝穴，缝中灌浆务必饱满。浆砌石块缝宽应控制在2～3厘米，勾缝可稍高于石面。

第三，为了防止冻凝，岸坡应设伸缩缝并兼作沉降缝。伸缩缝要做好防水处理，同时也可采用结合景观的设计使岸坡曲折有度，这样既丰富岸坡的变化又减少伸缩缝的设置，使岸坡的整体性更强。

第四，为排除地面渗水或地面水在岸墙后的滞留，应考虑设置泄水孔。泄水孔的分面可为等距离的，平均3～5米处可设置一处。在孔后可设倒滤层，以防阻塞。

第五章　园林绿化工程施工

第一节　乔灌木栽植施工

一、影响苗木栽植成活的因素

由于影响苗木栽植成活的因素很多，所以要想使苗木栽植成活，需要采取多种措施，并在各个环节严把质量关。影响苗木栽植成活的因素总结如下。

（一）异地引进苗木

有些异地引进的苗木，由于不适应本地土质及气候条件，会渐渐死亡。

（二）受污染的苗木

移栽后的苗木被工厂排放的某种有害气体污染或对地下水质敏感的，会出现死亡。

（三）栽植深度

苗木栽植深度不适宜，栽植过浅可能会被干死；栽植过深则可能导致根部水浇不透或根部缺氧，从而引起苗木死亡。

（四）土球的影响

移植苗木时，由于土球太小，比规范要求小很多，根系受损严重，成活较难。常绿树木移植时必须带土球方可能成活。在生长季节移植时，落叶树种也必须带土球移植，否则就会死亡。

（五）浇水不透

浇水不透，表面上看着树穴内水已灌满，如果没有用铁锹捣之，很可能就浇不透，树会死。土球未被泡透，有时水已充满整个树穴，但因浇水次数少或水流失太快，因长时间运输而内部又硬又干的土球并未吃足水，苗木也会慢慢死亡。

（六）未浇防冻水和返青水

对于当年新植的树木，土壤封冻前应浇防冻水，来年初春土壤化冻后应浇返青水，否则易死亡。

（七）土壤积水

树木栽在低洼之地，若长期受涝，不耐涝的品种很可能死亡。

二、移植季节的选择

树木是有生命的机体，在一般情况下，夏季树木生命活动最旺盛，冬天其生命活动最微弱或近乎休眠状态，因此树木的栽植是有很明显的季节性的。选择树木生命活动最微弱的时候进行移植，才能保证树木的成活。

（一）春季移植

寒冷地区以春季移植比较适宜，特别是在早春解冻后到树木发芽之前。这个时期树液刚刚开始萌动，枝芽尚未萌发，蒸腾作用微弱，土壤内水分充足，温度高，移植后苗木的成活率高。到了气候干燥和刮风的季节，或是气温突然上升的时候，由于新栽的树木已经长根成活，已具有抗旱、抗风的能力，可以正常生长。

（二）夏季移植

北方的常绿针叶树种也可在雨季初进行移植。

（三）秋冬季移植

在气候比较温暖的地区以秋、初冬移植比较适宜。这个时期的树木落叶后，对水分的需求量减少，而外界的气温还未显著下降，地温比较高，树木的地下部分并没有完全休眠，被切断的根系能够尽早愈合，继续生长生根。到了春季，这批新根能继续生长，又能吸收水分，可以使树木更好地生长。

由于某些工程的特殊需要，也常常在非植树季节移植树木，这就需要采取特殊处理措施。随着科学技术的发展，大容器育苗和移植机械的推出，使终年移植已成可能。

三、栽植前的准备

绿化栽植施工前必须做好各项准备工作，以确保工程顺利进行。

首先，明确设计意图及施工任务量。其次，编制施工组织计划。再次，是施工现场准备：若施工现场有垃圾、渣土、废墟、建筑垃圾等，要进行清除，一些有碍施工的市政设施、房屋、树木要进行拆迁和迁移。然后可按照设计图纸进行地形整理，主要使其与四周道路、广场的标高合理衔接，使绿地排水通畅。如果用机械平整土地，则事先应了解是否有地下管线，以免机械施工时造成管线的损坏。

四、定点放线

定点放线是在现场测出苗木栽植位置和株行距。由于树木栽植方式各不相同，定点放线的方法也有很多种，常用的有以下三种。

（一）自然式配置乔、灌木放线法

1.坐标定点法

根据植物配置的疏密度先按一定的比例在设计图及现场分别打好方格，在图上用尺量出树木在某方格的纵横坐标尺寸，再按此坐标在现场用皮尺确定栽植点在方格内的位置。

2.仪器测放

用经纬仪依据地上原有基点或建筑物、道路将树群或孤植树依照设计图上的位置依次定出每株的位置。

3.目测法

对于设计图上无固定点的绿化栽植，如灌木丛、树群等可用上述两种方法画出树群树丛的栽植范围，其中每株树木的位置和排列可根据设计要求在所定范围内用目测法进行定点，定点时应注意植株的生态要求并注意自然美观。定好点后，多采用白灰打点或打桩，标明树种、栽植数量（灌木丛、树群）及坑径。

（二）整形式（行列式）放线法

对于成片整齐式栽植或行道树，定点的方法是先将绿地的边界、园路广场和小建筑物等的平面位置作为依据，量出每株树木的位置，钉上木桩，上写明树种名称。

一般行道树的定点是以路牙或道路的中心为依据，可用皮尺、测绳等，按设计的株距，每隔10株钉一木桩作为定位和栽植的依据。定点时如遇电杆、管道、涵洞、变压器等障碍物应躲开，不应拘泥于设计的尺寸，而应遵照与障碍物相距的有关规定来定位。

（三）等距弧线的放线

若树木栽植为一弧线，如街道曲线转弯处的行道树，放线时可从弧的开始到末尾以路牙或中心线为准，每隔一定距离分别画出与路牙垂直的直线。在此直线上，按设计要求的树与路牙的距离定点，把这些点连接起来就成为近似道路弧度的弧线，于此线上再按株距要求定位各点。

五、苗木准备

（一）选苗

在掘苗之前，首先要进行选苗，苗木质量的好坏是影响其成活和生长的重要因素之一。除了根据设计提出对规格和树形的特殊要求外，还要注意选择生长健壮、无病虫害、无机械损伤、树形端正和根系发达的苗木。最好不用育苗期间没经过移栽的留床老苗，其移栽成活率比较低，移栽成活后多年的生长势都很弱，绿化效果不好。做行道树栽植的苗木分枝点应不低于2.5米。城市主干道行道树苗木分枝点应不低于3.5米。选苗时还应考虑起苗包装运输的方便，苗木选定后，要挂牌或在根基部位画出明显标记，以免挖错。

（二）掘苗前的准备工作

起苗时间最好是在秋天落叶后或土冻前、解冻后，因此时正值苗木休眠期，生理活动微弱，起苗对它们影响不大。起苗时间和栽植时间最好能紧密配合，做到随起随栽。

为了便于挖掘，起苗前1～3天可适当浇水使泥土松软，对起裸根苗来说也便于多带宿土，少伤根系。

为了便于起苗操作，对于侧枝低矮和冠丛庞大的苗，如松柏、龙柏、雪松等，掘苗前应先用草绳拢冠，这样既可以避免在掘取、运输、栽植过程中损伤树冠，又便于起苗操作。

对于地径较大的苗木，起苗前可先在根系周边挖半圆预断根，深度根据苗木而定，一般挖深15～20厘米即可。

（三）起苗方法

起苗时，要保证苗木根系完整。裸根乔、灌木根系的大小，应根据掘苗现场的株行距及树木高度、干径而定。一般情况下，乔木根系可按其高度的1/3左右确定，而常绿树带土球移植时，其土球的大小可按树木胸径的10倍左右确定。

起苗的方法常有两种：裸根起苗法和土球起苗法。裸根起苗法适用于处于休眠状态的落叶乔木、灌木和藤本。起苗时应尽量多保留较大根系，留些宿土。如掘出后不能及时运走，为避免风吹日晒应埋土假植，土壤要湿润。

掘土球苗木时，土球规格视各地气候及土壤条件不同而各异。对于特别难成活的树种一定要考虑加大土球。土球的高度一般可比宽度少5～10厘米。土球的形状可根据施工方便而挖成方形、圆形、半球形等，但是应注意保证土球完好。土球要削光滑，包装要严，草绳要打紧，不能松脱，土球底部要封严，不能漏土。

六、包装运输和假植

落叶乔、灌木在掘苗后装车前应进行粗略修剪，以便于装车运输和减少树木水分的蒸腾。苗木的装车、运输、卸车、假植等各项工序，都要保证树木的树冠、根系、土球的完好，不应折断树枝、擦伤树皮和损伤根系。

落叶乔木装车时，应排列整齐，使根部向前，树梢向后，注意树梢不要拖地。装运灌木可直立装车。凡远距离运送裸根苗时，常把树木的根部浸入事先调制好的泥浆中然后取出，用蒲包、稻草、草席等物包装，并在根部衬以青苔或水草，再用苫布或湿草袋盖好根部，以有效地保护根系而不致使树木干燥受损，影响成活。装运高度在 2 米以下的土球苗木，可以立放；装运高度在 2 米以上的应斜放，土球向前，树干向后。土球应放稳，垫牢挤严。

苗木运到现场，如不能及时栽植，裸根苗木可以平放地面，覆土或盖湿草即可，也可在距栽植地较近的阴凉背风处，事先挖好宽1.5 ~ 2 米、深0.4 米的假植沟，将苗木码放整齐，逐层覆土，将根部埋严。如假植时间过长，则应适量浇水，保持土壤湿润。带土球苗木临时假植时应尽量集中，将树直立，将土球垫稳、码严，周围用土培好。如时间较长，同样应适量喷水，以增加空气湿度，保持土球湿润。此外，在假植期还应注意防治病虫害。

七、挖栽植穴

挖穴质量的好坏对植株以后的生长有很大的影响。在栽苗木之前应以所定的灰点为中心沿四周向下挖坑，坑的大小依土球规格及根系情况而定，一般应在施工计划中事先确定。栽土球苗木的坑应比土球大16 ~ 20厘米，栽裸根苗的坑应保证根系充分舒展，坑的深度一般比土球高度稍深些（10 ~ 20厘米）。坑的形状一般为圆形或正方形，但无论何种形状，必须保证上下口大小一致，不得挖成上大下小或锅底形状，以免根系不能舒展或填土不实。

（一）堆放

挖穴时，挖出的表土与底土应分别堆放，待填土时将表土填入下部，将底土填入上部和做围堰用。

（二）地下物处理

挖穴时如遇地下管线时，应停止操作，及时找有关部门配合解决，以免发生事故。发现有严重影响操作的地下障碍物时，应与设计人员协商，适当改动位置。

（三）施肥与换土

土壤较贫瘠时，先在穴部施入有机肥料作基肥。将基肥与土壤混合后置于穴底，其上再覆盖上5厘米厚表土，然后栽树，可避免根部与肥料直接接触引起烧根。

土质不好的地段，穴内须换客土。如石砾较多，土壤过于坚硬或被严重污染，或含盐量过高，不适宜植物生长时，应换入疏松肥沃的客土。

（四）注意事项

当土质不良时，应加大穴径，并将杂物清走。如遇石灰渣、炉渣、沥青、混凝土等不利于树木生长的物质，将穴径加大1~2倍，并换好土，以保证根部的营养面积。

绿篱等株距较小者，可将栽植穴挖成沟槽。

八、栽植

（一）栽植前的修剪

在栽植前，苗木必须经过修剪，其主要目的是减少水分的散发，保证树势平衡，使树木成活。

修剪时其修剪量依不同树种要求而有所不同，一般对常绿针叶树及用于植篱的灌木不多剪，只剪去枯病枝、受伤枝即可。对于较大的落叶乔木，尤其是生长势较强、容易抽出新枝的树木，如杨、柳、槐等可进行强修剪，树冠可剪去1/2以上，这样可减轻根系负担，维持树木体内水分平衡，也使得树木栽后稳定，不致招风摇动。对于花灌木及生长较缓慢的树木可进行疏枝，短截去全部叶或部分叶，去除枯病枝、过密枝，对于过长的枝条可剪去1/3~1/2。

修剪时要注意分枝点的高度。灌木的修剪要保持其自然树形，短截时应保持外低内高。

树木栽植之前，还应对根系进行适当修剪，主要是将断根、劈裂根、病虫根和过长的根剪去。

修剪时剪口应平而光滑，并及时涂抹防腐剂以防水分蒸发、干旱、冻伤及病虫危害。

（二）栽植方法

苗木修剪后即可栽植，栽植的位置应符合设计要求。

栽植裸根乔、灌木的方法是一人用手将树干扶直，放入坑中，另一人将坑边的好土填入。在泥土填入一半时，用手将苗木向上提起，使根茎交接处与地面相平，这样树根不易卷曲，然后将土踏实，继续填入好土，直到与地平或略高于地平为止，并随即将浇水的土堰做好。

栽植带土球树木时，应注意使坑深与土球高度相符，以免来回搬动土球。填土前要将包扎物去除，以利根系生长。填土时应充分压实，但不要损坏土球。

（三）栽植后的养护管理

栽植较大的乔木时，在栽植后应设支柱支撑，以防浇水后大风吹倒苗木。

栽植树木后24小时内必须浇上第一遍水。水要浇透，使泥土充分吸收水分，树根紧密结合，以利根系发育。

树木栽植后应时常注意树干四周泥土是否下沉或开裂，如有这种情况应及时加土填平踩实。此外，还应进行及时的中耕，扶直歪斜树木，并进行封堰。封堰时要使泥土略高于地面，要注意防寒，其措施应按树木的耐寒性及当地气候而定。

九、施工

（一）施工准备

主要材料包括各种苗木、支柱架材、铁丝、蒲包、草绳等。所需要的设备工具包括铁锹、镐、运输车辆、经纬仪等。

采用机械加人工平整场地，并翻耕土壤0.5米。翻耕的同时清理其中的瓦砾、石块、塑料袋等，然后把土粒打碎至2厘米左右。

（二）乔木栽植施工

1.定点放线

乔木栽植采用自然式群落配置，放线较为复杂，采用方格网法进行。基本程序是在图纸上画出10米×10米的方格，然后在图上用尺量出树木在方格的纵横坐标尺寸，并测设到相应的现场上，用灰点标记，并立上木桩写明树种名称及规格。

2.选苗、起苗与运输

为使整个工程能快速成型，收到好的绿化效果，除满足设计要求的规格外，苗木还应选择株型饱满统一、无病虫害、根系发达的苗木。苗木选择选派专人负责。樟子松、糠椴、丹东桧柏起掘时带土球0.6～1米，均用草绳、蒲包包扎土球；旱柳、花楸、糖槭、丁香等仅带少量土球，用塑料袋装好，橡皮筋捆扎。采用敞式货车运输。

3.挖栽植穴

与上一工序同时进行。以所定的灰点为中心沿四周向下挖坑，乔木的坑深为1.1米，坑为圆形，上下口大小一致。栽植穴挖好后，要把写有应栽植树种的木桩放在穴内，以免混淆或丢失而增加工作量。

4.栽植

苗木运到现场后马上进行栽植，两人一组，一人用手将树干扶植，放入坑中，另一人将旁边的好土填入，填到一半左右，稍微将树干提起，然后再将土踏实，继续填土，直到与地面相平，做好土堰。栽植时可按树种依次栽植，也可以由专人负责一种树种同时进行栽植。若苗木不能及时栽植，裸根苗木平放地面用土覆盖；带土球苗木将树直立，土球垫稳、码严，周围用土培好。

5.养护

樟子松、糠椴等较大的乔木栽植完后用3根支柱绑扎树干支撑，以防浇水后被大风吹倒。栽植完成后立即浇一遍透水，检查树干四周泥土是否下沉或开裂、树木是否歪斜等，若有上述情形并立即进行加土填平或扶直。

（三）灌木栽植施工

栽植的灌木主要有云杉、金山绣线菊、金焰绣线菊、圆柏、铺地柏，均采用灌木丛的栽植方法。在做好施工准备、平整场地基础上进行定点放线。

1.定点放线

和乔木放线一样，采取方格网法，方格网为10米×10米，并测设到场地上，画出各灌木丛的种植范围，用白灰线标出，在所定范围内目测铺地柏、圆柏、榆等每株的位置和排列。

活动场地旁边的3条模纹线，在每条曲线上间隔找出10个点，包括两个端点，确定其横坐标和纵坐标，然后把它测绘到实地上，用木桩做出标注。然后用测绳在场地上做圆滑连接，连接完成后，打上白灰，对照施工图纸目测是否准确。

2.起苗及运输

所有灌木苗木均按设计图纸要求规格选苗，云杉、金山绣线菊、金焰绣线菊、圆柏、铺地柏、榆起苗时只带少量土球，用塑料袋捆扎，采用货车运输，可随用随起随栽。若苗木运到现场后不能及时栽植，应在背风阴凉处挖宽1.5～2米、深0.4米的假植沟，将苗木码放整齐，逐层覆土，将根部埋严。

3.挖沟槽与栽植

云杉、金山绣线菊、金焰绣线菊按25株/平方米，圆柏、榆、铺地柏按9株/平方米，栽植穴深0.6米，随挖随栽。采用密植，以不见裸露地面为原则，周围无须筑土堰。

4.养护

养护主要是浇水，灌木栽植完成后立即进行。第一遍水浇透，浇水时不能只淋在密植花木的叶片上，水的冲刷力不要太大。以后根据天气情况，派专人负责浇水。

第二节 大树移植施工

一、大树的选择

大树是指根干径在 10 厘米以上、高度在 4 米以上的大乔木，但对具体的树种来说，也可有不同的规格。

（一）影响大树移植成活的因素

大树移植较常规苗木成活困难，原因主要有以下四个方面。

第一，大树年龄大，阶段发育老，细胞的再生能力弱，挖掘和栽植过程中损伤的根系恢复慢，新根发生能力差。

第二，由于幼壮龄树的离心生长的原因，树木的根系扩展范围很大（一般超过树冠水平投影范围），而且扎入土层很深，使有效的吸收根处于深层和树冠投影附近，造成挖掘大树时土球所带吸收根很少，且根多木栓化严重，凯氏带阻止了水分的吸收，根系的吸收功能明显下降。

第三，大树形体高大，枝叶的蒸腾面积大，为使其尽早发挥绿化效果和保持原有优美姿态而很少进行过重截枝。加之根系距树冠距离长，给水分的输送带来一定的困难，因此大树移植后很难尽快建立地上、地下的水分平衡。

第四，树木大，土球重，起挖、搬运、栽植过程中易造成树皮受损、土球破裂、树枝折断，从而危及大树成活。

（二）大树的选择

选择须移植的大树时，一般要注意以下六点。

一是选择大树时，应考虑到树木原生长条件和定植地的立地条件相适应，例如土壤性质、温度、光照等条件。树种不同，其生物学特性也有所不同，移植后的环境条件就应尽量地和该树种的生物学特性与环境条件相符。

二是应该选择符合景观要求的树种，树种不同，形态各异，因而它们在绿化上的用途也不同。如行道树，应考虑干直、冠大、分枝点高、有良好的庇荫效果的树种，而庭院观赏树中的孤立树就应讲究树姿造型。

三是应选择壮龄的树木，因为移植大树需要很多人力、物力。若树龄太大，移植后不久就会衰老，很不经济；而树龄太小，绿化效果又较差，所以既要考虑能马上起到良好的绿化效果，又要考虑移植后有较长时期的保留价值。故一般慢生树选20～30年生，速生树种则选用10～20年生，中生树可选15年生，果树、花灌木为5～7年生。一般乔木树周在4米以上、胸径12～25厘米的树木则最合适。

三是应选择生长正常的树木及没有感染病虫害和未受机械损伤的树木。

四是原环境条件要适宜挖掘、吊装和运输操作。

五是如在森林内选择树木时，必须选疏密度不大的、最近5～10年生长在阳光下的树，易成活，且树形美观，景观效果佳。

选定的大树，用油漆或绳子在树干胸径处做出明显的标记，以利于识别选定的单株和朝向；同时应建立登记卡，记录树种、高度、干径、分枝点高度、树冠形状和主要观赏面，以便进行分类和确定栽植顺序。

二、大树移植的时间

（一）春季移植

早春是移植大树的最佳时间。因为这时树体开始发芽、生长，挖掘时损伤的根系容易愈合和再生，移植后，经过从早春到晚秋的正常生长以后，树木移植时受伤的部分已复原，给树木顺利越冬创造了有利条件。在春季树木开始发芽而树叶还没有全部长成以前，树木的蒸腾还未达到最旺盛时期，这时进行带土球的移植，缩短土球暴露在空间里的时间，栽植后进行精心的养护管理也能确保大树的存活。

（二）夏季移植

盛夏季节，由于树木的蒸腾量大，此时移植对大树的成活不利，在必要时可加大土球，加强修剪、遮阴，尽量减少树木的蒸腾量，也可以成活。由于所需技术复杂，费用较高，故尽可能避免。最好在北方的雨季移植，由于空气中的湿度较大，因而有利于移植，可带土球移植一些针叶树种。

（三）秋冬季移植

深秋及冬季，从树木开始落叶到气温不低于-15℃这一段时间，树木虽处于休眠状态，但是地下部分尚未完全停止活动，移植时被切断的根系能在这段时间进行愈合，给来年春季发芽生长创造良好的条件。但是在严寒的北方，必须对移植的树木进行土面保护，以防冻伤根部。

三、大树移植前的准备工作

（一）切根的处理

通过切根处理，促进侧须根生长，使树木在移植前即形成大量可带走的吸收根。这是提高移植成活率的关键技术，也可以为施工提供方便条件。常用下列方法。

1.多次移植

此法适用于专门培养大树的苗圃中，速生树种的苗木可以在头几年每隔1～2年移植一次，待胸径达6厘米以上时，可每隔3～4年再移植一次。而慢生树待其胸径达3厘米以上时，每隔3～4年移一次，长到6厘米以上时，则隔5～8年移植一次，这样树苗经过多次移植，大部分的须根都聚生在一定的范围，因而再移植时可缩小土球的尺寸和减少对根部的损伤。

2.预先断根法

适用于一些野生大树或一些具有较高观赏价值的树木的移植。一般是在移植前1～3年的春季或秋季，以树干为中心，2.5～3倍胸径为半径或以较小于移植时土球尺寸为半径画一个圆或方形，再在相对的两面向外挖30～40厘米宽的沟（其深度则视根系分布而定，一般为50～80厘米），对较粗的根应用锋利的锯，齐平内壁切断，然后用沃土（最好是砂壤土或壤土）填平，分层踩实，定期浇水，这样便会在沟中长出许多须根。到第二年的春季或秋季再以同样的方法挖掘另外相对的两面。到第三年时，在四周沟中均长满了须根，这时便可移走。挖掘时应从沟的外缘开挖，断根的时间可按各地气候条件有所不同。

3.根部环状剥皮法

同上法挖沟，但不切断大根，而采取环状剥皮的方法，剥皮的宽度为10～15厘米，这样也能促进须根的生长。这种方法由于大根未断，树身稳固，可不加支柱。

（二）大树的修剪

为保证树木地下部分与地上部分的水分平衡，减少树冠水分蒸腾，移植前必须对树木进行修剪，修剪的方法各地不一，主要有以下四种。

1.修剪枝叶

修剪时，凡病枯枝、过密交叉徒长枝、干扰枝均应剪去。此外，修剪量也与移植季节、根系情况有关。当气温高、湿度低、带根系少时应重剪；而湿度大、根系也大时可适当轻剪。此外，还应考虑到功能要求，如果要求移植后马上起到绿化效果的应轻剪，而有把握成活的则可重剪。

2.摘叶

这是细致费工的工作，适用于少量名贵树种，移前为减少蒸腾可摘去部分树叶，移后即可再萌出新叶。

3.摘心

此法是为了促进侧枝生长，一般顶芽生长的如杨、白蜡、银杏、柠檬桉等可用此法以促进其侧枝生长，但是如木棉、针叶树种都不宜摘心处理。

4.其他方法

如采用剥芽、摘花摘果、刻伤和环状剥皮等也可以控制水分的过分损耗，抑制部分枝条的生理活动。

（三）编号定向

编号是当移栽成批的大树时，为使施工有计划地顺利进行，可把栽植坑及要移栽的大树均编上一一对应的号码，使其移植时可对号入座，减少现场混乱及事故。

定向是在树干上标出南北方向，使其在移植时仍能按原方位栽下，以满足它对庇荫及阳光的要求。

（四）清理现场及安排运输路线

在起树前，应清除树干周围2～3米以内的碎石、瓦砾堆、灌木丛及其他障碍物，并将地面大致整平，为顺利移植大树创造条件。然后按树木移植的先后次序，合理安排运输路线，以使每棵树都能顺利运出。

（五）支柱、捆扎

为了防止在挖掘时由于树身不稳、倒伏引起工伤事故及损坏树木，在挖掘前应对须移植的大树进行支柱。一般是用3根直径15厘米以上的大戗木，分立在树冠分支点的下方，然后再用粗绳将3根戗木和树干一起捆紧，戗木底脚应牢固支撑在地面，与地面呈60度左右。支柱时应使3根戗木受力均匀，特别是避风向的一面。戗木的长度不定，底脚应立在挖掘范围以外，以免妨碍挖掘工作。

四、施工

（一）移植前的准备

1.挖掘现场准备

为使移植施工有计划地顺利进行，要把栽植穴及欲移植的大树一一对应编上号码，使其移植时可对号入座，以减少现场混乱及事故；并且用油漆抹在树木南向胸径处，确保在定植时仍能按原方向栽植，以满足它对庇荫及阳光的要求。

2.成植现场的准备

确保栽植现场周边的建筑物、架空线、地下管网等满足运输机械及吊装机械的作业面需要；在施工范围内，根据设计要求做好场地的清理工作，如拆除原有构筑物、清除垃圾、清理杂草、平整场地等；做好现场水通的准备，保证大树栽植后马上就能灌水。

（二）挖栽植穴

该项工作可于大树挖掘的同时或者之前进行。按照施工图纸的要求进行定点放线，根据土球的规格确定栽植穴的要求，此工程采用木箱移植法，栽植穴的大小应与木箱一致，栽植穴的规格为2.5米×2.5米×1.0米。栽植穴的位置要求非常准确，严格按照定点放线的标记进行。以标记为中心，以3.0米为边长画一正方形，在线的内侧向下挖掘，按照深度1.0 m垂直刨挖到底，不能挖成上大下小的锅底坑。若现场的土壤质地良好，在挖掘栽植穴时，将上部的表层土壤和下部的底层土壤分开堆放，表层土壤在栽植时填在树的根部，底层土壤回填上部。若土壤为不均匀的混合土时，也应该将好土和杂物分开堆放，可堆放在靠近施工场地内一侧，以便于换土及树木栽植操作。

栽植穴挖好后，要在穴底堆一个0.8米×0.5米×0.2米的长方形土台。若栽植穴土壤中混有大量灰渣、石砾、大块砖石时，应配置营养土，用腐熟、过筛的堆肥和部分土壤搅拌均匀，施入穴底铺平，并在其上铺盖6～10厘米种植土，以免烧根。

（三）土台挖掘及木箱包装

起苗前应喷抗蒸腾剂，移植时应采用带土球移植法，土球好坏是影响移栽成活的关键。土壤较干燥时，应提前3天灌水以保证根部土壤湿润。挖起树木时根部土球不宜松散。

土台规格：根据大树移植施工技术规范标准，确定土台形状和大小。土台确定后，应先用草绳把过长的影响施工的下部树枝绑缚起来，树干上缠绕草绳。然后以树干为中心，以2.1米为边长，画一正方形做土台的雏形，然后除去正方形范围内的浮土，深度以不伤根部为宜。从土台往外开沟挖掘，沟宽60～80厘米。土台挖深到0.8米深度后，用铁锹、铲子、锯等将四壁修理平整，使土台每边较箱板长5厘米，土台侧壁中间略突出。土台修好后，立即安装箱板。

安装箱板时先安装4个侧面的箱板，每块箱板中心对准树干。侧面箱板安装后，继续下挖约0.3米，向内掏底，并上底板，边掏底边上底板。同时在底板四角用支墩支牢，避免发生危险。底板全部上完后，再上上板。

（四）吊装运输

根据土台大小选用合适的吊车装卸。首先将机车在方便作业的平整场地上调稳，并且在支腿下面垫木块。再用两根钢丝绳将木箱两端围起，把4个绳头结在一起挂在起重机的吊钩上，轻轻起吊，待木箱离地前停车。用草绳缠绕一段树干，并在其外侧绑扎上小木块，用一根粗绳系在包裹处，另一端扣在吊车的吊钩上，防止起吊时树冠倒地。装车时，树冠向着汽车的尾部，木箱靠近驾驶室。采用汽车运输，每车装一株，并由专人载车押运。开车前，必须仔细检查装车情况，重点检查捆木箱的绳索是否绞紧、树冠是否扫地、支架与树干接触部位是否垫软物扎牢、树冠是否有超宽等。检查完毕后按照既定方案、运输路线进行运输。在运输途中，司机应注意观察道路情况、横架空线、桥梁、公路收费站、建筑物、行人车辆等，押运人员随时检查木箱是否松动、树干是否发生摩擦，发现问题应马上靠边停车进行处理，以保证大树运输的质量。

（五）定植

运至施工现场时，立即进行吊卸栽植。将车辆开至指定位置，解开捆绑大树的绳索。用两根钢丝绳将树木兜底，每根绳索的两端分别扣在吊车的吊钩上，将树木直立且不伤干枝。先行拆下方箱中间3块底板，若土台已松散可不拆除方箱。起吊入坑，按原南向标记对好方向。大树落稳后，用木杆将树木支稳，撤出钢丝绳，拆除底板及上板，回填土至坑深1/3时，拆除四周箱板。之后分层回填夯实至平地，在树干周围地面上，做出围堰进行浇水。

（六）栽后养护管理

1.设立支撑

定植时用木杆做支撑，是栽植操作时的保障措施，在定植完毕后必须及时对树体支撑进行重新固定，以防地面土层湿软、风袭导致歪斜、倾倒，同时保证其不漏风，有利于根系生长。采用三支柱式进行稳固。支架与树干之间用草绳、麻袋、蒲包等透气软质材料进行包裹，以免磨伤树皮。

2.修剪

在定植后需要对枝条进行修剪，先去除病枝、重叠枝、内膛枝及个别影响树形的大枝，然后再修剪小枝。修建过程中应勤看、分多次修剪，切勿一次修剪成形，以免错剪枝条。修剪完成后及时用石蜡或防锈漆涂抹伤口，防止伤口遇水腐烂。移植不超过两个月的大树如出现大量抽梢的情况，应及时去掉部分嫩梢，以免水分和营养的过分消耗。

3. 浇水

为确保成活，栽后应立即浇一次透水，3～5天后浇第二次水，10天后浇第三次水。为保证成活率，在栽植的第四天结合浇水用$100×10^{-6}$的ABT生根粉做灌根处理。每遍水后如有塌陷应及时补填土，待三遍透水后再行封堰，用地膜覆盖树穴并整出一定的排水坡度，防止因后期养护时喷雾造成根部积水。地膜可长期覆盖，以达到防寒和防止水分蒸发的作用。如雪松忌低洼湿涝，雨季注意及时排水。

4. 树体保温

（1）树冠喷水

由于春季空气干燥，每天上午10点左右用高压喷雾器对雪松全株喷水雾，以叶片喷湿不滴水为度，不能出现根部积水的情况。

（2）绑裹草绳法

为了减少树皮水分蒸发，保证树木成活，对树干要采取保湿措施。方法是：用浸湿的草绳从树干基部缠绕至顶部，再用调制好的泥浆涂糊草绳，以后时常向树干喷水，使草绳始终处于湿润状态。

（3）喷抗蒸腾剂

具有抑制树木蒸腾的功用。

（4）做遮阴棚

夏季气温高，树体的蒸发量逐渐增加，此时可以用70%的遮阴网对树木架设遮阴棚，既避免了阳光直射，又保持了棚内的空气流动及水分、养分的供需平衡。天气转凉后，可适时拆除阴棚。

5. 输液

由于雪松枝叶较多，移植时根系损伤严重，无法提供足够的水分和营养保证其正常生理活动，所以需要使用外部输液法在其树势恢复期间补充水分和营养。具体方法为：在植株基部用木工钻由上向下呈45度角钻输液孔4个，深至髓心；然后将营养液封口盖拧开，将输液管转换管插入封口拧紧，将袋子提高排除管内的空气，用力将针管塞入钻孔内，用钳子掐紧，使其不漏液。使用后袋子应回收，留作后用。伤口及时用泥土或波尔多液封堵，防止病虫侵入。

6. 施肥及喷药

由于树木损伤大，第一年不能施肥，第二年根据树的生长情况施农家肥或叶面喷肥。第二年早春和秋季也至少施肥2～3次。肥料的成分以氮肥为主。

栽后的大树因起苗、修剪造成了各种伤口，加之新萌的树叶幼嫩，树体抵抗力弱，故较易感染病虫害，若不注意很可能导致树木死亡。可用多菌灵或托布津、敌杀死等农药根据需要混合喷施，达到防治目的。

第三节　花坛栽植施工

一、花坛的概念

所谓花坛，是指按照设计意图，在有一定几何形轮廓的植床内，以园林草花为主要材料布置而成的具有艳丽色彩或图案纹样的植物景观。花坛主要表现花卉群体的色彩美，以及由花卉群体所构成的图案美。花卉都有一定的花期，要保证花坛（特别是设置在重点园林绿化地区的花坛）有最佳景观效果，就必须根据季节和花期经常进行更换。

二、花坛的类型

（一）按照花材观赏特性分类

1.盛花花坛

盛花花坛主要由观花草本花卉组成，表现花盛开时群体的色彩美。这种花坛在布置时不要求花卉种类繁多，而要求图案简洁明了，对比度强。盛花花坛着重观赏开花时草花群体所展现出的华丽鲜艳的色彩，因此必须选用花期一致、花期较长、高矮一致、开花整齐、色彩艳丽的花卉，如三色堇、金鱼草、金盏菊、万寿菊、百日草、福禄考、石竹、一串红、矮牵牛、鸡冠花等。一些色彩鲜艳的一、二年生观叶花卉也常选用，如羽衣甘蓝、地肤、彩叶草等。也可以用一些宿根花卉或球根花卉，如鸢尾、菊花、郁金香等，但栽植时一定要加大密度。同时花坛内的几种花卉之间的界线必须明显，相邻的花卉色彩对比一定要强烈，高矮不能相差悬殊。盛花花坛观赏价值高，但观赏期短，必须经常更换花材以延长观赏期。

2.模纹花坛

模纹花坛主要由低矮的观叶植物和观花植物组成，表现植物群体组成的复杂的图案美。由于要清晰准确地表现纹样，模纹花坛中应用的花卉要求植株低矮、株丛紧密、生长缓慢、耐修剪。这种花坛要经常修剪以保持其原有的纹样，其观赏期长，采用木本的可长期观赏。模纹花坛可分为毛毡花坛、浮雕花坛和时钟花坛。

（1）毛毡花坛

由各种植物组成一定的装饰图案，表面被修剪得十分平整，整个花坛好像是一块华丽的地毯。

（2）浮雕花坛

表面是根据图案要求，将植物修剪成凸出和凹陷的式样，整体具有浮雕的效果。

（3）时钟花坛

图案是时钟纹样，上面装有可转动的时钟。

（二）按照花坛空间布局分类

1.平面花坛

花坛表面与地面平行，主要观赏花坛的平面效果，包括沉床花坛和稍高出地面的花坛。

2.斜面花坛

设置在斜坡或阶地上，也可搭建成架子摆放各种花卉，以斜面为主要观赏面。

3.立体花坛

用花卉栽植在各种立体造型物上而形成竖向造型景观，可以四面观赏。一般作为大型花坛的构图中心，或造景花坛的主要景观。

（三）按照设计布局和组合方式分类

1.独立花坛

独立花坛为单个花坛或多个花坛紧密结合而成。大多作为局部构图的中心，一般布置在轴线的焦点、道路交叉口或大型建筑前的广场上。

2.组合花坛

组合花坛由相同或不同形式的多个单体花坛组合而成，但在构图及景观上具有统一性。花坛群应具有统一的底色，以突出其整体感。花坛群还可以结合喷泉和雕塑布置，后者可作为花坛群的构图中心，也可作为装饰。

3.带状花坛

带状花坛的长为宽的3倍以上，在道路、广场、草坪的中央或两侧，划分成若干段落，有节奏地简单重复布置。

三、花坛栽植技术

（一）土壤条件

土层厚薄、肥沃度、质地等会影响花卉根系的生长与分布。优良的土质应土层深厚，富含各种营养成分，砂粒、粉粒和黏粒的比例适当，有一定的空隙以利通气和排水，持水与保肥能力强，还具花卉生长适宜的酸碱度，不含杂草、有害生物及其他有毒物质。

理想的土壤是很少的，土质差的通过客土、使用有机肥等措施，可以起到培育土壤良好结构性的作用。可加入的有机肥包括堆肥、厩肥、锯末、腐叶、泥炭等。

（二）栽植穴

栽植穴、坑应稍大于土球和根系，以保证苗根舒展。

（三）栽植距离与深度

花苗的栽植间距，应以植株的高低、分蘖的多少、冠丛的大小而定，以栽后地面不裸露为原则，保证成长后具有良好的景观效果。栽植小苗时，应留出适当的生长空间。模纹式栽植的植株密度可适当加大。

花苗的栽植深度应充分考虑植物的生物学特性，一般以所埋之土与根茎处相齐为宜。球根花卉的覆土厚度应为球根高度的1.2倍。

（四）栽植顺序

栽植时，高的苗栽在中间、矮的苗栽在边缘，使花坛突出景观效果。栽入后，用手压实土壤，同时将余土耙平。

图案简单的单个独立花坛，应由中心向外的顺序退栽；坡式的花坛应由上向下栽植；图案复杂的花坛应先栽好图案的各条轮廓线，再栽内部填充部分。大型花坛宜分区、块栽植；植物高低不同的花卉混栽时，应先栽高的，后栽矮的；宿根、球根花卉与一、二年生草花混栽时，应先栽宿根、球根花卉，后栽一、二年生草花。

四、施工

（一）盛花花坛的施工

1.施工准备

主要材料、工具及设备，包括各种花卉、铁锹、镐、喷灌设施、运输车辆等。

2.整地翻耕

在栽植花卉前进行整地，将土壤深翻40～50厘米，挑出草根、石头及其他杂物，并施入适量的已腐熟的有机肥作为基肥。花坛中部填土要高一些，边缘部分填土应低一些。填土达到要求后，要把上面的土粒整细、耙平，以备栽植花卉。

3.定点放线

栽花前，在花坛种植床上，对花坛图案进行定点放线。

图案简单的规则式花坛，根据设计图纸，直接用皮尺量好实际距离，并用灰点、灰线做出明显的标记；如果花坛面积较大，可用方格网法，在图纸上画好方格，按比例放大到地面上。

4.起苗

苗木从当地苗圃中取得，毛百合、芍药、菊花挖掘带土花苗，起苗时注意保持毛百合球根的完整，芍药、菊花根系丰满。彩叶草、孔雀草等选用盆栽苗木。

5.栽植

带土球苗木运到后必须立即栽植，盆栽花先去除外面的营养钵后带土球栽植。栽植时，先从中央开始再向边缘部分扩展栽下去。先栽植中部的毛百合，其覆土厚度为鳞茎高度的1.2倍；然后栽植芍药、菊花等宿根花卉，再栽植一、二年生花卉。栽植穴挖大一些，保证花苗根系舒展，栽入后用手压实土壤，并随手将余土整平。株行距以花株冠幅相接，不露出地面为准。

6.养护及换花

花株栽植完后立即浇一次透水。平时应注意经常浇水保持土壤湿润，浇水最好在早晚进行。花苗长到一定高度要进行中耕除草，并剪除黄叶和残花。如花苗有缺株，应及时补栽。同时应根据需要，适当施用追肥，追肥后应及时浇水。应注意的是，花坛中间的花苗不可施用未经充分腐熟的有机肥料，否则会造成球根腐烂。

盛花花坛中草花生长期短，为了保持花坛长期的观赏效果，应及时更换花苗。更换次数应根据花坛的等级及花苗的供应情况确定，一般每年至少更换1次，有条件的可更换2～3次，即保证一年四季都有盛开的鲜花可供观赏。

（二）模纹花坛的施工

1.整地翻耕

整地方法及基本要求同盛花花坛施工。但由于模纹花坛的平整度比一般花坛高，为了防止花坛出现下沉和不均匀现象，在施工时应增加1～2次镇压。

2.上顶子

模纹花坛的中心多数栽种苏铁及其他球形盆栽植物，也有在中心地带布置高低层次不同的盆栽植物，称为"上顶子"。

3.定点放线

模纹花坛，要求图案、线条准确无误，故对放线要求极为严格，可以用较粗的铅丝按设计图纸的式样编好图案轮廓模型，检查无误后，在花坛地面上轻轻压出清楚的线条痕迹；也可用测绳摆出线条的雏形，然后进行移动，达到要求后再沿着测绳撒上白灰。

有连续和重复图案的模纹花坛，因图案是互相连续和重复布置，为保证图案的准确性，可以用硬纸板按设计图剪好图案模型，在地面上连续描画出来。

4.起苗

红瑞木、矮紫杉篱、金焰绣线菊等裸根苗应随起随栽，起苗应该注意保持根系完整。

榆叶梅等带土球苗，如花圃畦地干燥，应事先灌浇苗地，起苗时要注意保持根部土球完整，根系丰满。如苗床土质过于松散，可用手轻轻捏实，然后用薄塑料袋包装土球，掘起后，最好于阴凉处置放1～2天，再运往栽植。这样做，既可以防止花苗土球松散，又可以缓苗，有利于成活。

5.栽植

栽植时，花坛中部先里后外，逐次进行。外侧图案先栽植榆叶梅，再栽植纹样中间的红瑞木，最后栽植矮紫杉篱。花坛外缘用金焰绣线菊镶边。

6.养护管理

花株栽植完后立即浇1次透水。对模纹的花卉植株，要经常整形修剪，保证整齐的纹样，不使图案杂乱。栽好后可先进行1次修剪，以后每隔一定时间修剪1次。修剪时，为了不踏坏图案，可利用长条木板凳放入花坛，在长凳上进行操作。对花坛上的多年生花卉，每年应施肥2～3次。

第四节　草坪建植施工

一、草坪的概念与类型

（一）草坪的概念

草坪是人工建植、管理的，能够耐适度修剪和践踏的，是具有使用功能和改善生态环境作用的草本植被。

（二）草坪的类型

按照用途，草坪可分为以下四种类型。

1.游憩型草坪

这类草坪多采用自然式建植，没有固定的形状，大小不一，允许人们入内活动，管理较粗放。选用的草种适应性强，耐践踏，质地柔软，叶汁不易流出，以免污染衣服。

2.观赏型草坪

这类草坪栽培管理要求精细，严格控制杂草生长，有整齐美观的边缘并多采用精美的栏杆加以保护，仅供观赏，不能入内游乐。草种要求平整、低矮，绿色期长，质地优良。

3.运动场草坪

这类草坪是专供开展体育活动用的。管理要求精细，要求草种韧性强，耐践踏，并耐频繁修剪，形成均匀整齐的平面。

4.环境保护草坪

这类草坪的主要作用是发挥其防护和改善环境的功能。要求草种适应性强，根系发达，草层紧密，抗旱、抗寒、抗病虫害能力强，耐粗放管理。

二、园林中常用的草坪草

根据草坪植物对生长适宜温度的不同要求和分布区域，可分为暖季型草坪草和冷季型草坪草。

（一）暖季型草坪草

此类草坪草特点是早春返青后生长旺盛，进入晚秋遇霜茎叶枯落，冬季呈休眠状态，26～32℃为其最适生长温度。常用的有结缕草、野牛草、中华结缕草、狗牙根、地毯草、细叶结缕草、假俭草等，适合于我国黄河流域以南的华中、华南、华东、西南广大地区。

（二）冷季型草坪草

此类草坪草主要特征是耐寒性强，冬季常绿或仅有短期休眠，不耐夏季炎热高湿，春秋两季是最适宜的生长季节。常用的有草地早熟禾、加拿大早熟禾、高羊茅、紫羊茅、匍匐剪股颖、多年生黑麦草等，适合我国北方地区栽培，尤其适应夏季冷凉的地区。

三、草坪建植的方法

常用的有播种法、栽植法、铺植法等。

（一）播种法

一般用于结籽量大而且种子容易采集的草种，如野牛草、羊茅、结缕草、苔草、剪股颖、早熟禾等都可用种子繁殖。优点是施工投资小，从长远看，实生草坪植物的生命力强；缺点是杂草容易侵入，养护管理要求高，形成草坪的时间比其他方法长。

（二）栽植法

用植株繁殖较简单，能大量节省草源，一般1平方米的草块可以栽成5～10平方米或更多一些。与播种法相比，此法管理比较方便，因此已成为我国北方地区种植匍匐性强的草种的主要方法。

1. 种植时间

全年的生长季均可进行，但种植时间过晚，当年就不能覆满地面。最佳的种植时间是生长季中期。

2. 种植方法

种植分条栽与穴栽。草源丰富时可以用条栽，在整好的地面以 20 ~ 40 厘米为行距，开 5 厘米深的沟，把撕开的草块成排放入沟中，然后填土、踩实。同样，以 20 ~ 40 厘米为株行距穴栽也是可以的。

为了提高成活率，缩短缓苗期，移栽过程中要注意两点：一是栽植的草要带适量的护根土。二是尽可能缩短掘草到栽草的时间，最好是当天掘草当天栽。栽后要充分灌水，清除杂草。

（三）铺植法

这种方法的主要优点是形成草坪快，可以在任何时候（北方封冻期除外）进行，且栽后管理容易。缺点是成本高，并要求有丰富的草源。

四、施工

（一）准备工作

1. 土壤的准备

为使草坪生长良好，保持优良的质量及减少管理费用，应尽可能使土层厚度达到 40 厘米左右，最好不小于 30 厘米。在小于 30 厘米的地方应加厚土层。土壤的pH值应为 6.5，正好适宜冷季型草坪草的生长。

2. 耕翻与平整

清除杂草和砖头、瓦块、石砾等杂物，深翻土壤达 30 ~ 40 厘米，并打碎土块，土粒直径小于 1 厘米。之后，撒施基肥再进行平整，此时，土壤疏松、通气良好有利于草坪草的根系发育，也便于播种或栽草。

3. 排水

在平整场地时，要结合考虑地面排水问题，不能有低凹处，以避免积水。此处草坪利用缓坡来排水，其最底下的一端可设雨水口接纳排出的地面水，并经地下管道排走。

（二）播种法建植草坪

1.种子处理

播种前选择的种子一般要求纯度在90%以上，发芽率在50%以上。有的种子发芽率不高并不是因为质量不好，而是因各种形态、生理原因所致。为了提高发芽率，达到苗全、苗壮的目的，在播种前可对种子加以处理。

草坪种子播种量越大，见效越快，播后管理越省工。种子有单播和2～3种混播的。单播时，一般用量为10～20克/平方米，应根据草种、种子发芽率而定。混播则是在依靠基本种子形成草坪以前的期间内，混种一些覆盖性快的其他种子，如85%～90%早熟禾与15%～10%剪股颖进行混播。

2.播种

冷季型草种为秋播，北方最适合的播种时间是9月上旬。

播种方法有条播及撒播。条播有利于播后管理，撒播可及早达到草坪均匀的目的。条播是在整好的场地上开沟，深为5～10厘米，沟距为15厘米，用等量的细土或砂与种子拌匀撒入沟内。不开沟为撒播，播种人应做回纹式或纵横向后退撒播。

草坪工程播种时，为了确保种子撒播均匀，应先将场地划成5米宽的长条，计算每个长条的面积，根据20克/平方米的播种量，把种子分成若干份，在每份种子中掺入相当于种子重量1～2倍的干的细砂，然后用手摇播种器将种子均匀撒播。

3.播后管理

种子播好后，施工人员立即用钉耙覆土，轻轻耙土镇压使种子入土0.2～1厘米，并用无纺布覆盖。播种后可根据天气情况每天或隔天喷水。幼苗长至3～5厘米时需揭开覆盖物，时间以傍晚为宜，但要经常保持土壤湿润，并要及时清除杂草。

（三）铺植法建植草坪

1.铲草皮

就近选定草源，要求草生长势强，密度高，而且有足够大的面积。然后铲草皮，先把草皮切成平等条状，按需要切成块，大致为60厘米×30厘米，草块厚度为3～5厘米。草皮的需要量和草坪面积相同。

2.铺植

从笔直的边缘，如路缘处开始铺设第一排草皮，保持草块之间结合紧密平齐。

在第一排草皮上放置一块木板，然后跪在上面，紧挨着毛糙的边缘像砌砖墙一样铺设下一排草皮。用同样的方式精确地将剩余的草皮铺完，不要在裸露的土壤上行走，草坪中心可以利用小块草皮填植。

用0.5 ～ 1.0吨重的碌碡或木夯压紧和压平，消除气洞，确保根部与土壤完全接触。

撒一点砂质壤土，用刷子把土刷入草皮块之间的空隙。第一次水要浇足、灌透。一般在灌水后2 ～ 3天再次碌压，则能促进块与块之间的平整。

草坪边缘进行直边、曲边的修整。

（四）草坪的养护

草坪的养护主要包括灌水、施肥、修剪、除杂草、更新复壮等环节。

1.灌水

北方春季草坪萌发到雨季前，是一年中最关键的灌水时期。每次灌水的水量应根据土质、生长期、草种等因素而确定，以湿透根系层、不发生地面径流为原则。在封冻前灌封冻水也是必要的。

2.施肥

草坪建成后在生长季须追氮肥，以保持草坪叶色嫩绿、生长繁密。寒季型草种的追肥时间最好在早春和秋季。

3.修剪

修剪是草坪养护的重点，能控制草坪高度，促进分蘖，增加叶片密度，抑制杂草生长，使草坪平整美观。

草坪修剪一般应遵循1/3原则，即每次修剪时，剪掉的部分不能超过叶片自然高度（未剪前的高度）的1/3。一般的草坪一年最少修剪4 ～ 5次。

4.除杂草

草坪一旦发生杂草侵害，除用人工"挑除"外，还可用化学除草剂，如用西马津、扑草净、敌草隆等。

5.更新复壮

根据草坪衰弱情况，选择不同的更新方法。出现斑秃的，应挖去枯死株，及时补播或补栽。

第六章　园林绿化工程的养护管理

第一节　园林植物管养技术

一、成活期养护管理技术

（一）成活期养护管理相关知识

1.水分管理

树木经过移栽后，由于根系的损伤和生长环境的变化，对水分的需要十分敏感。因此，新栽树木的水分管理是成活期养护管理的重要内容，包括树木地上部分水分和地下土壤水分两部分管理。土壤水分供应是否充足、合理、及时是新栽树木成活的关键。

对于枝叶修剪量较小的名贵大树，在高温干旱季节，即使能保证土壤的水分供应，也易发生水分亏损。因此，当发现树叶有轻度萎蔫症状时，可采取增加树冠内空气湿度的方法，降低温度，减少蒸腾，促进树体水分平衡，常绿树栽植或反季节栽植时，一般栽后也要向树上喷水。

2.修剪、抹芽除萌

树体地上部分的萌发，能促进根系的生长。因此，对新栽植的树木，特别是对移植时进行过重度修剪的树木上萌发的芽要加以保护，以使其抽枝发叶，待树体恢复生长后再修剪。在栽植过程中虽然进行了修剪，但后来发现发芽、展叶、抽枝缓慢或枝叶发生萎蔫，通过采用浇水、喷雾、叶面喷肥等养护措施仍不能缓解这种现象时，此时可进行补充修剪。

树木经过修剪，树干或树枝上可能会发出许多萌蘖枝，其既消耗营养，又扰乱树形，要及时抹除。

3.松土除草

因浇水、降雨及人为活动等导致树盘土壤板结、透气不良而影响树木生长时，应及时松土，促进土壤与大气的气体交换，有利于树木新根的发生与生长。

有时树木基部土壤会长出许多杂草或其他植物与树木争夺水分和养分，藤本植物还会缠绕树身，妨碍树木正常生长，所以应及时除去。

4.施用生长液与施肥

树木栽植后，有时地下根系恢复缓慢，不能及时吸收足够的水分与养分供给地上部分生长的需要，此时应适当施用生长素溶液，如萘乙酸、吲哚丁酸、3号生根粉等刺激其尽快发出新根。

树木栽后不久，发现新叶停止生长，甚至个别树木发生枝叶萎蔫，在这时可以试验性地进行叶面喷肥。

5.新栽植树木成活的调查

（1）调查的目的

对新栽树木进行成活与生长情况的调查，一方面是为了及时补栽，不影响绿化效果；另一方面是为了分析生长不良与死亡的原因，总结经验与教训，以指导今后的绿化实践工作。

在春季与秋季新栽树木的生长初期，其靠体内的营养一般也能抽枝、展叶，表现出喜人的景象。但是其中有一些植株是"假活"，是由于树内所储存的水分和养分的供应而发芽。一旦气温升高，水分亏损，这种"假活"植株就会出现萎蔫，若不及时救护，就会在高温干旱期间死亡。因此，新栽树木能否成活至少要经过第一年高温干旱的考验以后才能确定。

（2）新栽树木生长不良或死亡的原因

一是苗木质量问题。起苗时没按规程操作，伤根太多，带的须根太少，枝叶过多，造成树冠水分代谢不平衡。起苗后没有立即栽植或假植，根系裸露时间过长，根系干死。

二是栽植技术问题。种植穴太小，造成根系不舒展，有窝根现象。栽植时埋土过深或过浅，填充土壤没有踩实。

三是养护管理问题。栽植后没有及时灌水，种植地积水，栽植穴踩压等所造成的机械性损伤。

四是栽植时间问题。栽植时间过晚，如在北方的晚秋栽植不耐寒的树木。

五是苗木适应性问题。新栽植树木不适应当地的气候条件，如南树北移，树木没有很好地进行抗寒锻炼，因而生长不良或死亡。

（二）成活期养护管理技术实施

1.扶正培土

树盘整体下沉或局部下陷，应及时在空缺处覆土填平，防止雨后积水烂根。铲除耙平树盘堆积过高的土壤。对于倾斜的树木应采取措施扶正。

（1）扶正时间

如果树木刚栽不久就发生歪斜，应立即扶正。对错过最佳扶正时期的，落叶树种应在休眠期间扶正，常绿树种在秋末扶正。

（2）扶正的技术措施

树木扶正时不能强拉硬顶，以免损伤根系。先检查根颈入土的深度，如果栽植较深，应在树木倒向一侧根盘以外，挖沟至根系以下，向内掏土至根颈下方，用锹或木板伸入根团以下向上撬起，向根底塞土压实，即可扶正。如果栽植较浅，在树木倒向的反侧掏土稍微超过树干轴线以下，将掏土一侧的根系下压，回土踩实。对于未立支架的大树，在扶正培土以后还应设立支架。

2.水分管理

（1）灌水与排水

树木栽后一定要及时灌3遍水，然后封堰。在干旱季节降雨少时，发现树木缺水，要立即围土封堰进行灌水，以保证地上与地下水分代谢的适当均衡，才有利于树木成活。一般情况下，栽后第一年应灌水5～6次（根据具体情况决定），特别是在高温干旱时尤其要注意浇水，要保持土壤最大持水量在60%以上。

在多雨季节要排水，特别是在南方，将产生积水的树木在树干的基部适当培土，使树盘的土面适当高于地面，以使树木不被水淹。

（2）树冠喷水

对已经萌芽树木的树冠，在10时以前、16时以后，向树冠喷水，以降低树冠水分的蒸腾作用。移栽枝叶较多的珍贵大树时可以安装高喷装置，每隔1～2小时喷一次。喷水要细而均匀，树干和树冠各部位及其周围空间都要喷到，喷水时可以用高压喷水枪，要细雾喷洒，次多量少，以免滞留在土壤中，造成根部积水。

（3）使用抗蒸腾剂或架高遮阴网

使用抗蒸腾剂或架遮阴网，可减少水分蒸发及防止强烈日晒。

3.修剪

在不影响树形的情况下，再剪去一部分枝叶，或者可以去顶或截干，以减少蒸发量，暂时缓解根部吸收的水分不够消耗的现象，促进其成活。同时，还应修整以往留芽位置不当或因剪口芽不合适造成枯桩或发芽太弱的树木，剪去枯枝或弱枝，而以强壮的新枝作延长枝。进一步进行造型修剪，对一切扰乱树形的枝条进行调整与剪除。

4.抹芽除萌

对于萌蘖枝，除长势较好、位置合适的外，其余应尽早抹除。

5.松土除草

在新栽树木成活期间，松土不要太深，避免伤及新根。通常除草与松土同时进行，并把除下来的杂草覆盖在树盘上。有的地方为了防止土壤水分蒸发太快，还在树盘上覆盖树叶、树皮或碎木片及栽植地被植物等。

6.施肥

在新栽树木新根没有形成或吸收能力较弱时，不要追肥，如施肥可在第一个生长季结束后进行。为了促进树木的生长，可施用尿素或有机液肥，追肥时浓度宁淡毋浓。

7.成活的调查与补植

（1）栽后树木成活的调查

调查一般分两个阶段进行：一是栽后1个月左右，调查栽植成活的情况；二是在秋末，调查栽植成活率。

新栽树木成活调查方法，如果栽植量大，可以分地段对不同树种进行抽样调查，如果数量少可全部进行调查。已成活的植株应测定新梢生长量，确定生长势的等级，最后分级归纳出树木成活的具体情况，做表上报或存档。

（2）补植

每次调查后，对无挽救希望或挽救无效而死亡的树木，都应及时进行补植。如果由于季节、树种习性与条件的限制，于生长季补植无成功的把握时，则可在适宜栽植的季节补植。补植的树木规格应与该地同种树木大小一致。选用的补植苗木质量与养护管理水平都应高于一般树木的养护水平。

二、园林植物树体管理

（一）园林植物树体管理的相关知识

1.树体的保护和修补原则

树木的树干和骨干枝上，往往因病虫害、冻害、日灼及机械损伤等造成伤口，这些伤口如不及时保护、治疗、修补，经过长期雨水侵蚀和病菌寄生，易使内部腐烂形成树洞。另外，树木经常受到人为的有意无意的破坏，如树盘内的土壤被长期践踏变得很坚实，人为地在树干上刻字或拉枝折枝等。如果树木的树皮受到大面积损伤而没有及时处理，就可能为病虫害的发生创造了条件。以上所有这些对树木的生长都有很大影响，因此对树体的保护和修补是非常重要的养护措施。

树体保护首先应贯彻"防重于治"的原则，做好各方面的预防工作，尽量防止各种灾害的发生，同时还要做好宣传教育工作。对树体上已经造成的伤口，应该及早治疗，防止扩大。

2.造成树木受损的非感染和传播性因素

（1）树冠结构

乔木树种的树冠构成基本为两种类型：一类具有明显的主干，顶端生长优势显著；另一类无明显的主干。

①有主干型

有主干型树木如果在中央主干发生虫蛀、损伤、腐朽，则其上部的树冠就会受影响。如果中央主干折断或严重损伤，有可能形成一个或几个新的主干，而其基部的分枝处的连接强度较弱。有的树木具有双主干，两主干在生长过程中逐渐相接，在相连处夹嵌树皮，而其木质部的年轮组织只有一部分相连，结果在两端形成突起使树干成为椭圆状、橄榄状，随着直径的生长，这两个主干交叉的外侧树皮出现褶皱，然后交叉的连接处产生劈裂，这类情况危险性极大，必须采取修补措施来进行加固。

②无主干型

此类树木通常由多个直径和长度相近的侧枝构成树冠，由于排列得不合理，会造成树木具有潜在危险，即几个一级侧枝的直径与主干直径相似，几个直径相近的一级侧枝几乎着生在树干的同一位置。古树、老树树冠继续有较旺盛的生长。

（2）分枝角度

侧枝在分枝部位曾因外力而劈裂但未折断，一般在裂口处可形成新的组织而愈合，但该处易发生病菌感染而腐烂。如果发现有肿突、锯齿状的裂口，应特别注意检查。对于有上述情况的侧枝应适当剪短以减轻其重，否则侧枝前端下沉可能造成基部劈裂，如果侧枝较重会撕裂其下部的树皮，而造成该侧根系因没有营养来源而死亡。

（3）树冠偏冠

树冠一侧的枝叶多于其他方向，树冠不平衡，因受风的影响树干成扭曲状，如果长期在这种情况下生长，木质部纤维则会呈螺旋状方向排列来适应外界的应力条件，在树干外部可看到螺旋状的扭曲纹。树干扭曲的树木当受到相反方向的作用力时，如出现与主风方向相反的暴风等，树干易沿螺旋扭曲纹产生裂口，这类伤口如果处理不及时，就会成为真菌感染的入口。

（4）树干内部裂纹

当树干横断面出现裂纹，在裂纹两侧尖端的树干外侧形成肋状隆起的脊时，如果该树干裂口在树干断面及纵向延伸，肋脊在树干表面不断外突，并纵向延长，则形成类似板状根的树干外突；树干内断面裂纹如果被今后生长的年轮包围、封闭，则树干外突程度小而呈近圆形。因此，从树干的外形饱圆度可以初步诊断内部的情况，但必须注意有些树种树干形状的特点不能一概而论。树干外部发现条状肋脊，表明树干本身的修复能力较强，一般不会发生问题。但如果树干内部发生裂纹而又未能及时修复导致形成条肋，而在树干外部出现纵向的条状裂口，则树干最终可能会纵向劈成两半，将会构成危险。

（5）分枝强度

侧枝，特别是主侧枝与主干连接的强度要比分枝角度重要。侧枝的分枝角度对侧枝基部连接强度的直接影响不大，但分枝角度小的侧枝生长旺盛，而且与主干的关系要比那些水平的侧枝强。

（6）夏季树枝折断和垂落

有时树木在夏季炎热无风的下午，会发生树枝折断垂落的现象。一般情况下，垂落的树枝大多位于树冠边缘，呈水平状态，且远离分枝的基部。断枝的木质部一般完好，但可能在髓心部位能看到色斑或腐朽，这些树枝可能在以前受到过外力的损伤但未表现症状，因此难以预测和预防。

（7）树干倾斜

树干严重向一侧倾斜的树木最具潜在的危险性，如位于重点监控的地方，应采取必要的措施或伐除。

（8）树木根系问题

①根系暴露

如在大树树干基部附近挖掘、取土，导致树木大侧根暴露于土表，甚至被切断，此类树木在城市中就成为不安全的因素。它的影响程度还取决于树体高度、树冠枝叶浓密程度、土壤厚度和质地、风向、风速等。

②根系固着力差

在一些立地条件下，例如土层很浅、土壤含水量过高，树木根系的固着力差，不能抵抗大风等异常天气条件，甚至不能承受树冠的重负，特别是在严重水土流失的立地环境，常见主侧根裸露在地表，因此在土层较浅的立地环境下不宜栽植大乔木，或必须通过修剪来控制树木的高度和冠幅。

③根系缠绕

在树木栽植时由于栽植穴过小，人为地把侧根围绕在树干周围，或由于根系周围的土壤问题侧根无法伸展，造成侧根围绕主根生长，危害性大。此类情况经常在苗圃中就已经形成，所以在苗木栽植前要认真选择苗木。

④根系分布不均匀

树木根系的分布一般与树冠范围相应，有时由于长期受来自一个方向的强风作用，在迎风一侧的根系要长些，密度也高。如果这类树木在迎风一侧的根系受到损伤，可能造成较大的危害。另外，在一些建筑工地，筑路、取土、护坡等工程经常会破坏树木的根系，甚至有的树木几乎一半根系被切断或暴露在外，常常会造成树木倾倒。

⑤根及根颈的感病

造成树木根系及根颈的感病与腐朽的病菌很多，根系问题通常导致树木发生严重的健康问题及最严重的缺陷，而更为重要的是在树木出现症状之前，可能根系的问题就已经存在了。当一些树木的主根系因病害受损长出不定根时，这些新的根系能很快生长以支持树木的水分和营养，而原来的主根可能不断地损失，最终完全丧失支持树木的能力，这类问题通常发生在树干的基部被填埋、雨水过多、灌溉过度、根部覆盖物过厚，或者地被植物覆盖过多的情况中。

（二）园林植物树体管理技术实施

1.树干伤口的治疗

（1）清理伤口

对于枝干上因病、虫、冻、日灼或修剪等造成的伤口，须用锋利的刀刮净削平四周，使皮层边缘呈弧形。

（2）消毒

用2%～5%的硫酸铜溶液、0.1%的升汞溶液、石硫合剂原液对处理好的伤口进行消毒。

（3）涂抹保护剂

对在进行修剪时造成的伤口，要将伤口削平后涂以保护剂，选用的保护剂要容易涂抹且黏着性好。受热不融化，不透雨水，不腐蚀树体组织，同时又有防腐消毒的作用，如铅油、接蜡等。大量应用时也可用黏土加少量的石硫合剂混合物作为涂抹剂，如用激素涂剂对伤口的愈合更有利，用含有0.01%～0.1%的α-萘乙酸膏涂在伤口表面，可促进伤口愈合。受雷击的树木枝干，应将烧伤部位锯除并涂以保护剂。

（4）加固保护

风使树木枝折裂时，要立即用绳索捆缚加固，然后对伤口处消毒涂抹保护剂。根据现场情况还可以用两个半弧圈的铁箍加固，为了防止摩擦树皮，要在铁箍与树干之间垫软物，再用螺栓连接，随着干径的增粗逐渐放松螺栓的松紧度。还可以用带螺纹的铁棒或螺栓旋入树干，起到连接和夹紧的作用。

2.树皮修补

在春季及初夏，形成层活动期树皮极易受损与木质部分离，出现上述情况时，可进行适当的处理使树皮恢复原状。即采取措施保持木质部及树皮的形成层湿度，小心地从伤口处去除已经被撕裂的树皮碎片，重新把树皮覆盖在伤口上用钉子或强力防水胶带固定，另外用潮湿的布带、苔藓、泥炭等包裹伤口避免太阳直射。

伤口一般在形成层旺盛生长时愈合，处理后1～2周可打开覆盖物检查树皮是否生存、愈合，如果已在树皮周围产生愈伤组织则可去除覆盖，但要继续遮光。

3.移植树皮

有时在树干上捆绑铁丝，会造成树木的环状损伤，可以补植一块树皮使上下已断开的树皮重新连接，恢复传导功能，或嫁接一个短枝来连接恢复功能。具体操作如下。

首先，清理伤口，在伤口上下部位铲除一条树皮形成新的伤口带，宽约2厘米，长为6厘米。

其次，在树干的适当部位切取一块树皮，宽度与清理的伤口带一致，长度较伤口带稍短。

再次，把新取下的树皮覆盖在清理完的伤口上，用涂有防锈清漆的小钉固定在伤口上。

按上述操作过程，将整个树干的伤口全部用树皮覆盖，在植皮操作时一定要保持伤口湿度，全部接完后用湿布等包扎物将移植的树皮伤口上下15毫米范围内包扎好，在其上用强力防水胶带再次包扎，包扎范围上下超过里层材料各25毫米。经过1~2周后移植的树皮即可愈合，形成层与木质部重新连接。

4.桥接和根接

（1）桥接

一些庭园大树树体受到病虫、冻伤、机械损伤后，树皮会大面积损伤，形成树洞，树木生长势受到阻碍，影响树液流通，致使树木严重衰弱，可采取桥接技术恢复树势。

桥接是用几条长枝连接受损处，使上下连通以恢复树势。将树体的坏死树皮切削掉，选树干上树皮完好处，利用树木的一年生枝条作为接穗，根据皮层切断部位的长短确定所需枝接接穗，在树干连接处（可视为砧木）切开和接穗宽度一致的上下接口，接穗稍长一点，将上下削成同样削面插入，固定在树皮的上下接口内，使二者形成层吻合贴切，用塑料绳及小钉加以固定，在接合处再涂保护剂封口，促进伤口愈合。

（2）根接

根颈及根部受伤害，使树体丧失吸收养分和水分的能力，破坏了植株地上与地下部分的平衡。采用根接的方法，在春季萌发新梢时或秋季休眠前，将地下已经损伤或衰弱的侧根更换为粗壮健康的新根。

5.吊枝和顶枝

用单根或多股绞集的金属线、钢丝绳在树枝之间或树枝与树干间连接起来，用以减少树枝的移动、下垂，降低树枝基部的承重。也可以把原来由树枝承受的重量通过悬吊的缆索转移到树干的其他部分或另外增设的构架之上。

顶枝的作用与吊枝基本相同。采用金属、木桩、钢筋混凝土材料做支柱，将支竿从下方、侧方承重来减少树枝或树干的压力。支柱应有坚固的基础，上端与树干连接处要有适当形状的托杆和托碗，并加软垫，以免损伤树皮。立支柱的同时还要考虑到美观，并与周围环境协调一致。也可以将几个主枝用铁索连接起来，这种加固技术对树体更有效。

6.涂白

在日照强烈、温度变化剧烈的大陆性气候地区，利用涂白能减弱树木地上部分吸收太阳辐射热，延迟芽的萌动期。树干涂白后能反射阳光，减少枝干温度的局部增高，可以有效地预防日灼危害。同时杨柳树栽完后马上涂白，还可防蛀害虫。

三、特殊环境下园林植物的养护管理

（一）特殊环境下园林植物的养护管理相关知识

1.铺装地面树木的生长环境

（1）树盘土壤面积小

在有铺装的地面进行园林植物栽植，大多数情况下种植穴的表面积都比较小，土壤与外界的交流受到制约。如城市行道树栽植时容留的树盘土壤表面积一般仅1～2平方米，有时覆盖材料甚至一直铺到树干基部，树盘范围内的土壤表面积极小。

（2）生长环境条件恶劣

栽植在铺装地面上的园林植物，除根际土壤被压实、透气性差，导致土壤水分、营养物质与外界的交换受阻外，还会受到强烈的地面热量辐射和水分蒸发的影响，其生长环境比一般立地条件下要恶劣得多。在一些城市中，夏季中午的铺装地表温度可高达50℃以上，不但土壤微生物被致死，树干基部也可能受到高温的伤害。而近年来我国许多城市建设的各类大型城市广场，常采用大理石做大面积铺装，更加重了地表高温对园林植物生长的危害。

（3）易受机械性伤害

由于铺装地面大多为人群活动密集的区域，园林植物生长容易受到人为的干扰和难以避免的损伤。如刻伤树皮、钉挂杂物，在树干基部堆放有害、有碍物质，以及市政施工时对树体造成各类机械性伤害等。

2.干旱地的环境特点

（1）干旱地的气候特点

干旱地的形成是温度、降雨和蒸发状况相互影响的结果，是降水量、土壤含水量及地面的水量同径流、蒸发和植物蒸腾消耗的水量之间不能平衡所致。我国西部的一些城市位于干旱气候地区，而其他城市中的一些干旱立地环境，可能不是由大气候条件所致，而是因为城市下垫面结构的特殊性使降水不能渗入土壤，大多以地表径流的形式流失导致的，即使湿润区域也同样会出现干旱的特点。

一是干旱带来高温。干旱对园林植物的影响主要是高温和太阳辐射所带来的植物生理上的热逆境与高蒸发、蒸腾带来的水分逆境，会造成园林植物不适应而死亡。

二是干旱地带降水少而且没有规律。干旱地区的降水量一般很少超过500毫米，而且常常集中在一年中的某段时间，乡土植物对这种极不稳定的水分条件有较强的适应性，但多数园林植物则需要全年灌溉。

三是干旱地区常常有大风与强风。大风增强蒸腾与蒸发作用，并破坏土壤结构。

（2）干旱地的土壤特点

由于蒸发量大大超过降雨量，一般地面水很少能通过土壤渗漏，缺水抑制了化学性侵蚀，其表现的特点主要如下。

一是土壤次生盐渍化。当土壤水分蒸发量大于降水量时，不断丧失的水分使得表层土壤干燥，地下水通过毛细管的上升运动到达土表，在不断补充因蒸发而损失的水分的同时，盐碱伴随着毛管水上升，并在地表积聚。盐分含量在地表或土层某一特定部位的增高，会导致土壤次生盐渍化发生。

二是土壤贫瘠。由于迅速的氧化作用使土壤有机质的含量严重下降。

三是土壤生物减少。干旱条件导致土壤生物种类（细菌、线虫、蚁类、蚯蚓等）数量的减少，生物酶的分泌也随之减少，土壤有机质的分解受阻，影响树体对养分的吸收。

四是土壤温度升高。干旱造成土壤热容量减小，温差变幅加大。同时，因土壤的潜热交换减少，土壤温度升高，这些都不利于园林植物根系的生长。

3.盐碱地的环境特点及对植物的影响

（1）盐碱地的环境特点

盐碱土是地球上分布广泛的一种土壤类型，约占陆地总面积的25%。我国从滨海到内陆、从低地到高原都有分布。盐碱土是盐土与碱土的合称。盐土分为滨海盐土、草甸盐土、沼泽盐土，主要含氯化物、硫酸盐；碱土分为草甸碱土、草原碱土、龟裂碱土，主要含碳酸钠、碳酸氢钠。

在雨季，降水大于蒸发，土壤呈现淋溶脱盐特征，盐分顺着雨水由地表向土壤深层转移，也有部分盐分被地表径流带走。而在旱季，降水小于蒸发，底层土壤的盐分随毛细管移至地表，表现为积盐过程。在荒瘠的土地上，土壤表面水分蒸发量大，土壤盐分剖面变化幅度大，土壤积盐速度快，因此要尽量防止土壤的裸露。尤其在干旱季节，土壤覆盖有助于防止盐化的发生。

（2）盐碱地对园林植物的影响

引发生理干旱。盐碱土中积盐过多导致园林植物根系吸收养分、水分非常困难，甚至会出现水分从根细胞外渗的情况，这会破坏树体内正常的水分代谢，造成生理干旱、树体萎蔫、生长停止甚至全株死亡。一般情况下，土壤表层含盐量超过0.6%时，大多数树种已不能正常生长。土壤中可溶性含盐量超过1.0%时，只有一些特殊耐盐树种才能生长。

危害树体组织。树体内积聚的过多盐分使蛋白质合成受到严重阻碍，从而导致含氮的中间代谢产物积累，造成树体组织细胞中毒。另外，盐碱的腐蚀作用也能使园林植物组织直接受到破坏。

滞缓营养吸收。过多的盐分使土壤物理性状恶化、肥力减低，树体需要的营养元素摄入减慢，利用转化率也减弱。而钠的大量存在使树体对钾、磷和其他营养元素（主要是微量元素）的吸收减少，磷的转移受抑，严重影响树体的营养状况。

影响气孔开闭。在高浓度盐分的作用下，叶片气孔保卫细胞内的淀粉形成受阻，气孔不能关闭，园林植物容易因水分过度蒸腾而干枯死亡。

4. 屋顶花园环境特点

（1）屋顶花园的作用

屋顶花园是在完全人工化的环境中栽植园林植物，采用客土、人工灌溉系统为园林植物提供必要的生长条件，是营造在建筑物顶层的绿化形式，主要是为了充分利用空间，尽量在"水泥森林"中增加绿色与绿量。在我国，许多现代化城市，特别是大城市，屋顶花园的营造已十分普遍，所发挥的景观与生态作用都十分显著。

一是改善城市生态环境。充分利用空间，增加城市绿量，改善城市生态环境。屋顶花园绿化几乎以等面积绿化了建筑物所占面积，还改变了城市绿化的立体层次，增加了城市的绿地覆盖率。由于屋面比地面空气流通好，易与周围大气进行热量交换，所以夏季屋面的最高温度明显高于地面，冬季最低气温又明显低于地面。而绿色屋顶由于植物的蒸腾作用和潮湿下垫面的蒸发作用所消耗的潜热比未绿化的屋面大，从而使绿色屋顶的贮热量及地气的热交换量大大减少，屋顶空气获得的热量少，热效应降低，因而减弱了城市的"热岛"效应。

二是丰富城市景观。屋顶花园的存在柔化了生硬的建筑物外形轮廓，植物的季相美更赋予建筑物动态的时空变化，丰富了城市风貌。

三是改善建筑物顶层的物理性能。屋顶花园构成屋面的隔离层，夏天可使屋面免受阳光直接暴晒烘烤，显著降低其温度。冬季可发挥较好的隔热层作用，降低屋面热量的散失。由此节省顶层室内降温与采暖的能源消耗。

四是心理释放功能。屋顶花园能给高层上居住的人们提供绿色的园林美景，使人们避开喧嚷的城市或劳累的工作环境，在宁静安逸的气氛中得到休息和调整，促进人们的身体健康。

（2）屋顶花园的环境特点

由于受到载荷的限制，在屋顶营造花园不可能有很深的土壤，因此屋顶花园的环境特点主要表现为土层薄、营养物质少、缺少水分。同时屋顶风大，阳光直射强烈，夏季温度较高，冬季温度偏低，昼夜温差变化大。

（二）特殊环境下园林植物的养护管理实施

1.铺装地面的园林植物养护技术

（1）树种选择

由于铺装地面立地的特殊环境，因此人们应选择根系发达，具有耐干旱、耐贫瘠，根系发达，树体能耐高温与阳光暴晒且不易发生灼伤的树种。

（2）土壤处理

适当更换栽植穴的土壤，改善土壤的通透性和土壤肥力，更换土壤的深度为50～100厘米。并且需要在栽植后加强水肥管理。

（3）树盘处理

树盘处理应保证栽植在铺装地面的园林植物有一定的根系土壤体积。在铺装地面栽植的园林植物，根系至少应有3立方米的土壤，且增加园林植物基部的土壤表面积要比增加栽植土壤的深度更为有利。铺装地面切忌一直延伸到树干基部，否则随着园林植物的加粗生长，地面铺装物会嵌入树干体内，园林植物根系的生长也会抬升地面，造成地面破裂不平。

树盘地面可栽植花草，覆盖树皮、木片、碎石等，一方面可以提升景观效果，另一方面可以起到保墒、减少扬尘的作用。也可采用两半的铁盖、水泥板覆盖，但其表面必须有通气孔，盖板最好不直接接触土表。如是水泥、沥青等表面没有缝隙的整体铺装表面，应在树盘内设置通气管道以改善土壤的通气性。通气管道一般采用PVC管，直径为10～12厘米，管长为60～100厘米，于管壁处钻孔，通常将其安置在种植穴的四角。

人行道的园林植物往往缺乏水分，因此栽植时要注意种植穴、园林植物的规格与人行道坡度之间的关系，应使园林植物树冠的落水线落入种植穴内的土壤中，或从铺装断开的接头处渗入。而在持续降水时，多余的水分可以越过土壤表面流走。

2.干旱地的园林植物养护技术

（1）选择耐旱树种

耐旱树种具有发达的根系，叶片较小，叶片表面常有保护蒸发的角质层、蜡质层。如旱柳、毛白杨、夹竹桃、华盛顿棕榈、合欢、胡枝子、锦鸡儿、紫穗槐、胡颓子、白栎、石楠、构树、小檗、火棘、黄连木、胡杨、绣线菊、木半夏、臭椿、木芙蓉、雪松、枫香等。

（2）选择合适的栽植时间

以春季为主，一般在3月中旬至4月下旬，在此期间土壤比较湿润，土壤的水分蒸发和树体的蒸腾作用也比较弱，园林植物根系再生能力旺盛，愈合发根快，种植后有利于园林植物的成活生长。但在春旱严重的地区，以在雨季栽植为宜。

（3）提高栽植技术

泥浆堆土。将表土回填树穴后，浇水搅拌成泥浆，再挖坑种植，并使根系舒展，然后用泥浆培稳园林植物，以树干为中心培出半径为50厘米、高50厘米的土堆。泥浆能增强水和土的亲和力，减少重力水的损失，可较长时间保持根系的土壤水分，堆土还可减少树穴土壤水分的蒸发，减少树干在空气中的暴露面积，降低树干的水分蒸腾。

使用保水剂。将保水剂埋于园林植物根部，能较持久地释放保水剂所吸收的水分供园林植物生长。将其与土壤按一定比例混合拌匀使用，也可将其与水配成凝胶后，灌入土壤使用，均有助于提高土壤保水能力。

开集水沟。旱地栽植园林植物，可在地面挖集水沟蓄积雨水，这有助于缓解旱情。

容器隔离。采用塑料袋容器（10 ~ 300升）将树体与干旱的立地环境隔离，创造适合园林植物生长的小环境。袋中填入腐殖土、肥料、珍珠岩，再加上能大量吸收和保存水分的聚合物，与水搅拌后成冻胶状，可供根系吸收3 ~ 5个月。若能使用可降解塑料制品，则对园林植物生长更为有利。

3.盐碱地园林植物的养护管理技术

（1）施用土壤改良剂

施用土壤改良剂可达到直接在盐碱土栽植园林植物的目的，如施用石膏可中和土壤中的碱，适用于小面积盐碱地改良，施用量为3 ~ 4吨/公顷。

（2）防盐碱隔离层

对盐碱度高的土壤，可采用防盐碱隔离层来控制地下水位的上升，阻止地表土壤返盐，在栽植区形成相对的局部少盐或无盐环境。具体方法为：在地表挖1.2米左右的坑，将坑的四周用塑料薄膜封闭，底部铺20厘米厚的石碴或炉渣，在石碴上铺10厘米厚的草肥，形成隔离盐碱层，形成适合园林植物生长的小环境。

（3）埋设渗水管

埋设渗水管可控制高矿化度地下水位的上升，防止土壤急剧返盐。如天津园林绿化研究所采用渣石、水泥制成内径为20厘米、长为100厘米的渗水管，将其埋设在距树体30 ~ 100厘米处，设有一定坡降并高于排水沟。在距树体5 ~ 10米处建一收水井，集中收水外排，第一年便可使土壤脱盐48.5%。采用此法栽植白蜡、垂柳、国槐、合欢等，树体生长良好。

（4）暗管排水

暗管排水的深度和间距可以不受土地利用率的制约，其有效排水深度稳定，适用于重盐碱地区。单层暗管埋深2米，间距为50厘米。双层暗管第一层埋深0.6米，第二层埋深1.5米，上下两层在空间上形成交错布置，在上层与下层交会处垂直插入管道。使上层的积水由下层排出，下管排水流入集水管。

（5）抬高地面

天津园林绿化研究所在含盐量为0.62%的地段采用换土并抬高地面20厘米的方法栽种油松、侧柏、龙爪槐、合欢、碧桃、红叶李等树种，使其成活率达到72% ~ 88%。

（6）避开盐碱栽植

土壤中的盐碱成分因季节而变化，春季干旱、风大，土壤返盐重。秋季土壤经夏季雨淋盐分下移，部分盐分被排出土体，定植后，园林植物经秋、冬缓苗易成活，所以秋季是盐碱地园林植物栽植的最适季节。

（7）生物技术改土

生物技术改土主要指通过合理的换茬种植，减少土壤的含盐量。如对盐渍土可采用种稻洗盐、种耐盐绿肥翻压改土的措施，仅用1 ~ 2年的时间，便可使土壤降低40% ~ 50%的含盐量。

（8）施用盐碱改良肥

盐碱改良肥内含钠离子吸附剂、多种酸化物及有机酸，是一种有机—无机型特种园艺肥料，pH值为5.0，利用酸碱中和、盐类转化、置换吸附原理，既能降低土壤的pH值，又能改良土壤结构，提高土壤肥力，因此可有效利用于各类盐碱土改良。

4.屋顶花园园林植物养护管理技术

（1）屋顶花园种植施工

第一，底面处理。排水系统设在防水层上，可与屋顶雨水管道相结合。将过多的水分排出以减少防水层的负担。

架空式种植床。在离屋面10厘米处设混凝土板承载种植土层。混凝土板需有排水孔排水，可充分利用原来的排水层顺着屋面坡度排出，但绿化效果欠佳。

直铺式种植。在屋顶面板上直接铺设排水层和种植土层，排水层可由碎石、粗砂、陶粒组成，其厚度应能形成足够的水位差，使土层中过多的水流向屋面排水口。花坛设有独立的排水孔，并与整个排水系统相连。日常养护时，注意及时清除杂物、落叶，特别要防止总落水管被堵塞。

第二，防水处理。屋顶绿化后应绝对避免出现渗漏现象，一旦出现问题，将使房屋的使用者产生排斥心理，直接影响屋顶绿化的推广。最好将其设计成复合防水层。

刚性防水层：在钢筋混凝土结构层上用普通硅酸盐水泥砂浆掺5%防水剂抹面。刚性防水层造价低，但怕震动，耐水、耐热性差，暴晒后易开裂。

柔性防水层：用油、毡等防水材料分层粘贴而成，通常为三油二毡或二油一毡。使用寿命短，耐热性差。

涂膜防水层：用聚氨酯等油性化工涂料涂刷成一定厚度的防水膜，高温下易老化。

第三，防腐处理。为防止灌溉水肥对防水层可能产生的腐蚀作用，需要对其做技术处理，提高屋面的防水性能。主要的方法步骤如下：先铺一层防水层，由二层玻璃布和五层氯丁防水胶（二布五胶）组成；然后在上面铺设4厘米厚的细石混凝土，内配钢筋；在原防水层上加抹一层厚2厘米的火山灰硅酸盐水泥砂浆；用水泥砂浆平整修补屋面，再敷设硅橡胶防水涂膜。这种方法适用于大面积屋顶防水处理。

第四，灌溉系统设置。如采用水管灌溉，一般每100平方米设一个。但最好采用喷灌或滴灌形式来补充水分，安全而便捷。

第五，基质要求。屋顶花园园林植物栽植的基质除要满足提供水分、养分的一般要求外，应尽量采用轻质材料，以减少屋面载荷。常用基质有田园土、泥炭、草炭、木屑等。轻质人工土壤的自重轻，多采用土壤改良剂以促进其形成团粒结构。其保水性及通气性良好，且易排水。

（2）屋顶花园绿化植物养护管理技术

浇水、除草。屋顶上的土壤因干燥、高温、光照强、风大、植物的蒸腾量大、失水多等特点，在夏季日光较强时易产生日灼、枝叶焦边及干枯的危害，要经常浇水或喷水，形成较高的空气湿度。一般在9点以前、16点以后各浇水一次，或使用喷灌进行灌溉，并且还要及时除掉杂草。

施肥、修剪。由于在屋顶上的多年生植物生长在较浅的土层中，缺乏养分，因此要及时施肥，同时要注意周围的环境卫生。对植物的枯枝、徒长枝等进行及时修剪，以保持树体的优美外形，减少养分消耗，以利于根系的生长。

补充人造种植土。经常浇水和雨水的冲淋会使人造土流失，并且还会导致种植土层厚度不足，因此要及时添加种植土，同时还要注意调节其pH值。

防寒、防风。屋顶上冬季风大、气温低，可能会使一些在地面上能安全越冬的植物在屋顶受到冻害。因此，在冬季要用包扎物对树体进行包裹，其中盆栽植物可以搬入温室越冬。同时，为了防止屋顶上的大风吹倒植物，要对大规格的乔灌木进行加固处理，即可在树木根部堆放石体，起到压固根系的作用，或在树木根部土层下增设塑料网，以扩大根系的固土力，也可将树干组合在一起，绑扎支撑。

检查、维修。要经常检查屋顶植物的生长情况、排水设施的工作状况，对其定期疏通与维修。

四、古树名木的保护与管理

（一）古树名木保护的意义

1.古树对研究树木生理具有特殊意义

树木的生长周期很长，我们无法用跟踪的方法对其生长、发育、衰老、死亡的规律加以研究。古树的存在把树木生长、发育以时间的顺序展现为空间上的排列，使我们能以处于不同年龄阶段的树木为研究对象，从中发现该树种从生到死的总规律。

2.古树名木是名胜古迹的最佳景点

古树名木和山水、建筑一样具有景观价值，是重要的风景旅游资源。它苍劲挺拔、风姿多彩，镶嵌在名山峻岭和古刹胜迹之中，与山川、古建筑、园林融为一体，或独成一景成为景观主体，或伴山石、建筑，成为该景的重要组成部分，吸引着众多游客前往游览观赏，流连忘返。如黄山以"迎客松"为首的十大名松、泰山的"卧龙松"等均是自然风景中的珍品。而北京天坛公园的"九龙柏"，北海公园团城上的"遮荫侯"，苏州光福司徒庙的"清、奇、古、怪"四株古圆柏更是人文景观中的瑰宝，吸引着人们去游览观赏。

3.古树对树种规划有较大的参考价值

古树多属乡土树种，保存至今的古树，是久经沧桑的活文物，可就地证明其对当地气候和土壤条件有很高的适应性，因此古树是树种规划的最好依据。所以，调查本地栽培及郊区野生树种，尤其是古树、名木，可作为制订城镇园林绿化树种规划的可靠参考，从而在规划树种时做出科学、合理的选择，而不致因盲目引种造成无法弥补的损失。

4.古树名木具有较高的经济价值

古树名木饱经沧桑，是历史的见证，是活的文物，它既有生物学价值，也具有较高的历史文化价值，同时也为当地带来间接或直接的经济价值。主要体现在以古树名木为旅游资源的开发，为发展旅游提供了难得的条件。而对于一些古老的经济树木来说，它们依然具有生产潜力。

（二）古树衰老的原因

任何树木都要经过生长、发育、衰老、死亡等过程。在了解古树衰老的原因后，可以通过人为措施使衰老以至死亡的阶段延迟到来，延长树木的生命，使树木最大限度地为人类造福。

树木一生一般都要经过"种子萌芽—幼年—性成熟开花—衰老—死亡"的生命周期过程。古树就是处在"衰老—死亡"的生命阶段。树木由衰老到死亡不是简单的时间推移过程，而是复杂的生理、生态、生命与环境相互影响的一个变化过程，受树种遗传因素及环境因素的共同制约，古树衰老的原因归纳起来为：一是树木自身内部因素；二是环境条件及人为因素的综合结果。

1.树木自身内部因素

树木在其一生中都要经过由种子萌发经幼苗、幼树逐渐发芽到开花结果，最后衰老死亡的整个生命过程。树木自幼年阶段一般须经数年生长发育才能开花结实，进入成熟阶段，之后其生理功能逐步减弱，逐渐进入老化过程，这是树木生长发育的自然规律。但是，由于树种自身遗传因素的影响，树种不同，其寿命长短、由幼年阶段进入衰老阶段所需时间、树木对外界不利环境条件影响的抗性，以及对外界环境因素所引起的伤害的修复能力等都有所不同。

2.环境条件及人为因素

（1）土壤条件

土壤密实度过高。古树名木大多生长在城市公园、宫、苑、寺庙或是宅院内、农田旁等，一般土壤深厚、土质疏松、排水良好、小气候适宜，比较适宜古树名木的生长。但是，随着经济的发展，人民生活水平的提高，旅游已成为人们生活中不可缺少的一部分。特别是有些古树姿态奇特，或是具有神奇的传说，常会吸引到大量的游客，使得地面受到频繁的践踏，密实度增高，土壤板结，土壤团粒结构遭到破坏，通透气性能及自然透水性降低，树木根系呼吸困难，须根减少且无法伸展，水分遇板结土壤层渗透能力降低，大部分随地表流失，树木得不到充足的水分和养分，致使树木生长受阻。

树干周围铺装地面过大。在公园、名胜古迹点，由于游客增多，为了方便观赏，在树木周围用水泥砖或其他硬质材料铺装，仅留下比树干粗度略大的树池。铺装地面平整、夯实，加大了地面抗压强度，人为地造成了土层透气通水性能下降，树木根系呼吸受阻，无法伸展，产生根不深、叶不茂的现象。同时，由于树池较小，不便于对古树进行施肥、浇水，使古树根系处于透气条件、营养条件与水分条件均极差的环境中，根部营养不足。许多古树栽植在殿基之上，虽然植树时在树坑中换了好土，但树木长大后，根系很难向四周（或向下）的坚土中生长。此外，古树长期固定生长在某一地点，持续不断地吸收消耗土壤中的各种营养元素，导致土壤中营养元素缺乏，并且由于根系活动范围受到限制，加速了古树的衰老。

（2）环境污染

土壤理化性质恶化。随着旅游业的发展，近些年来，有不少人在公园古树林中搭帐篷开各种展销会、演出会，或是开辟场地供周围居民（游客）进行锻炼。这不仅使该地土壤密实度增高，同时由于这些人在古树林中乱倒各种污水，以及有些地方还增设临时厕所，造成土壤含盐量增加，土壤理化性质被严重破坏，对古树的生长极为有害。

空气污染。随着城市化进程的不断推进，各种有害气体如二氧化硫、氟化氢、氯化物、二氧化氮、烟尘等造成了大气污染，有生命的古树不同程度地承受着有害气体、烟尘等的侵害与污染，过早地表现出衰老症状。

（3）人为的损害。

对于古树人为直接的损害，主要有：在树下摆摊设点、乱堆东西（如建筑材料中的水泥、石灰、沙子等），特别是石灰，堆放不久树体就会受害死亡。有的还在树上乱画、乱刻、乱钉钉子。在地下埋设各种管线，煤气管道的渗漏、暖气管道的放热等，均对古树的正常生长产生了较严重的影响。

3.病虫为害

古树由于年代久远，在其漫长的生长过程中，难免会遭受一些人为和自然的破坏，从而形成各种伤残，例如主干中空、破皮、树洞、主枝死亡等现象，还会导致树冠失衡、树体倾斜、树势衰弱而诱发病虫害。但从对众多现存古树生长现状的调查情况来看，古树的病虫害相对普通树木来说要少，而且致命的病虫更少。不过，多数古树已经过了其生长发育的旺盛时期，步入了衰老至死亡的生命阶段，加之日常对其养护管理不善，人为和自然因素对古树造成损伤时有发生，古树树势衰弱已属必然，这些都为病虫的侵入提供了条件。对已遭到病虫危害的古树，如得不到及时和有效的防治，其树势衰弱的速度将会进一步加快，衰弱的程度也会因此而进一步增强。

4.自然灾害

古树的衰老除受树木自身因素和人为因素的影响外，还常受自然因素的影响，如大风、雷电、干旱、地震等。这些自然因素对古树的影响往往具有一定的偶然性和突发性，其危害的程度有时是巨大的，甚至是毁灭性的。

（1）大风

七级以上的大风，主要是台风、龙卷风和另外一些短时风暴，春夏之交至初秋尤甚。它们吹折枝干或撕裂大枝，严重者可将树木拦腰折断。而不少古树因蛀干害虫的危害，枝干中空、腐朽或有树洞，更容易受到风折的危害，枝干被折断直接造成叶面积减少，枝断者还易引发病虫害，使本来生长势弱的树木更加脆弱，严重时直接导致古树死亡。

（2）雷电

目前古树多数未设避雷针，其古木高耸且电荷量大，易遭雷电袭击。有的古树遭雷电袭击后，干皮开裂，树头枯焦，树势明显衰弱。

（3）干旱

持久的干旱会使得古树发芽迟，枝叶生长量少，枝的节间变短，叶子卷曲，严重者可使古树落叶，小枝枯死，树势因此而衰退，并易遭病虫侵袭。

（4）地震

古树多朽木、空洞、开裂，遭强震袭击后往往造成树木倾倒或干皮进一步开裂。

（5）雪压、雨凇（冰挂）、冰雹

树冠雪压是造成古树名木折枝毁冠的主要自然灾害之一，特别是在发生大雪时，若不及时清除积雪，常会导致毁树事件的发生。如黄山风景管理处，每年在大雪时节都要安排及时清雪，以免大雪压毁树木。雨凇（冰挂）、冰雹是空气中的水蒸气遇冷凝结成冰的自然现象，一般发生在4—7月。这种灾害虽然发生概率较低，但灾害发生时大量的冰凌、冰雹压断或砸断小枝、大枝，对树体也会造成不同程度的损伤，会削弱树势。

（三）古树名木的保护与管理过程

1.对古树名木进行调查、登记、分级、存档

（1）调查、登记

由专人进行细致、系统调查，调查内容主要包括树种、树龄、树高、冠幅、胸径、生长势、病虫害、生境，以及对观赏与研究的作用、养护措施等。同时，还应收集有关古树的历史及其他资料，如有关古树的诗、画、图片及神话传说等。

（2）分级、存档

我国通常将古树按树龄分为四级。一级古树是指树龄1 000年以上的古树，或具很高的科学、历史、文物价值，姿态奇特可观的名木；二级古树是指树龄600～1 000年的古树，或具重要价值的名木；三级古树是指树龄300～599年的古树，或具一定价值的名木；四级古树是指树龄100～299年的古树，或具保存价值的名木。

对于各级古树名木，均应设永久性标牌，编号在册，并采取加栏、加强保护管理等措施。一级古树名木要列入专门的档案，组织专人加强养护，定期上报。对于生长一般、观赏及研究价值不大的古树名木，可视具体条件实施一般的养护管理措施。

2.古树名木的一般性养护管理技术

（1）支撑、加固

古树由于年代久远，主干或有中空，主枝常有死亡，这会造成树冠失去平衡，树体容易倾斜。又因树体衰老，枝条容易下垂，因而须用他物支撑。如北京故宫御花园的龙爪槐、皇极门内的古松均用钢管呈棚架式支撑，钢管下端用混凝土基加固，干裂的树干用扁钢箍起，收效良好。

（2）树干伤口的治疗

对于枝干上因病、虫、冻、日灼或修剪等造成的伤口，用合理的方法进行疗伤。

（3）树洞修补

①古树树洞的类型

树洞多是由于古树的木质部或韧皮部受到人为创伤后未及时进行防腐处理，再受到雨水的侵蚀，引起真菌类危害，久而久之形成的。如不及时处理，树洞会越变越大，将会导

致古树名木倾倒、死亡。根据树洞的着生位置及程度，可将树洞分为以下五类。

朝天洞：洞口朝上或洞口与主干的夹角大于120度。修补面必须低于周边树皮，中间略高，注意修补面不能积水。

通干洞或对穿洞：有两个以上洞口，洞内木质部腐烂相通，只剩韧皮部及少量木质部。只做防腐处理，尽可能处理得彻底，树洞内有不定根时，应切实保护好不定根，并及时设置排水管。

侧洞：洞口面与地面基本垂直，多见于主干上。只做防腐处理，对有腐烂的侧洞要进行清腐处理。

夹缝洞：树洞的位置处于主干或分枝的分杈点，通常会出现引流不畅，必须修补。

落地洞：树洞靠近地面，接近根部，落地洞的修补要根据实际情况。落地洞分为对穿与非对穿两种形式，通常非对穿形式的落地洞要补，对穿形式的落地洞一般不修补，只做防腐处理。对于落地洞的修补以不伤根系为原则。

总之，在对树洞处理前，要分析树洞产生的原因（是病虫害造成的还是外力碰伤所致），及时处理，以防危害扩大，导致树势衰弱。

②树洞的处理技术

树洞内的清腐：用铁刷、铲刀、刮刀、凿子等刮除洞内朽木，尽可能地将树洞内的所有腐烂物和已变色的木质部全部清除至硬木即可，注意不要伤及健康的木质部。

灭虫、消毒处理：杀灭树洞内的害虫要用广谱性、内吸性的药剂，如毒枪，可采用200倍稀释液进行涂刷或以800～1 000倍液喷施，待药液晾干后，再用树洞专用杀菌剂处理，对树洞内的真菌、细菌等病菌进行杀灭。过一天后，用愈伤涂膜剂对伤口全面涂抹，防止病虫的侵入，并促进愈伤组织的再生。

填充补洞：树洞填充的关键是填充材料的选择。所选的填充材料除绿色环保外，还要具备pH值最好为中性、材料的收缩性与木材的大致相同、与木质部的亲和力要强等特点。所以，填充材料要用木炭或同类树种的木屑、玻璃纤维、聚氨酯发泡剂或尿醛树脂发泡剂，以及铁丝网和无纺布，封口材料为玻璃钢（玻璃纤维和酚醛树脂），仿真材料为地板黄、色料。

刮削洞口树皮：待树洞填完后，用刮刀将树洞周围一圈的老皮和腐烂的皮刮掉，至显出新生组织为止。然后，将愈伤涂膜剂直接涂抹于伤口上，促进新皮的产生。

树洞外表修饰及仿真处理：为了提高古树的观赏价值，按照随坡就势、因树做形的原则，可采用粘树皮或局部造型等方法，对修补完的树洞进行修饰处理，恢复原有风貌。

在修饰外表时要根据不同树洞的形状，注意防洞口边缘积水，如何有利于新生皮的包裹。然而，在具体处理不同形状的树洞时还得按照各自特点，做针对性的处理方案。

③树洞的修补

开放法：树洞不深或树洞过大都可以采用此法，如伤孔不深无填充的必要时可按前述的伤口治疗方法处理。如果树洞很大，给人以奇树之感，欲留作观赏时可采用此法。方法是将洞内腐烂木质部彻底清除，刮去洞口边缘的死组织，直至露出新的组织为止，用药剂消毒，并涂防护剂，同时改变洞形，以利排水。也可在树洞最下端插入排水管。以后须经常检查防水层和排水情况，以免堵塞。防护剂每隔半年左右重涂一次。

封闭法：对于较窄树洞，在洞口表面贴以金属薄片，待其愈合后嵌入树体。也可将树洞经处理消毒后，在洞口表面钉上板条，以油灰和麻刀灰封闭（油灰是用生石灰和熟桐油以1∶0.35混合而成的，也可以直接使用安装玻璃用的油灰，俗称"腻子"），再涂以白灰乳胶、颜料粉面，以增加美观，还可以在上面压树皮状纹或钉上一层真树皮。

填充法：填充物最好是水泥和小石砾的混合物，也可就地取材。填充材料必须压实，为加强填料与木质部连接，洞内可钉若干电镀铁钉，并在洞口内两侧挖一道深约4厘米的凹槽。填充物从底部开始，每20～50厘米为一层，用油毡隔开，每层表面都向外略倾斜，以利排水，填充物边缘应不超过木质部，使形成层能在其上面形成愈伤组织。外层用石灰、颜色粉涂抹，为了增加美观，并富有真实感，最后可在最外面钉一层真树皮。

④设避雷针

据调查，千年古银杏大部分曾遭过雷击，受伤的树木生长受到严重影响，树势衰退，如不及时采取补救措施树木可能很快就会死亡。所以，高大的古树如果遭受雷击后应立即将伤口刮平，涂上保护剂并堵好树洞。雷电不但可能会致人死亡，而且也会对树木造成致命伤害。因此，对于易遭受雷击的古树名木应安装上避雷装置，尤其是生长在空旷地的高大古树、周围无建筑物遮挡的古树，必须安装避雷装置。

⑤灌水、松土、施肥

春、夏季干旱时灌水防旱，秋、冬季浇水防冻，灌水后应松土，一方面保墒，另一方面也可以增加土壤的通透性。古树施肥要慎重，一般在树冠投影部分开沟（深0.3米、宽0.7米、长2米或深0.7米、宽1米、长2米），沟内施有机肥，或施适量化肥等增加土壤的肥力，但要严格控制肥料的用量，绝不能造成古树生长过旺。特别是原来树势衰弱的树木，如果在短时间内生长过盛会加重根系的负担，造成树冠与树干及根系的平衡失调，结果适得其反。

⑥树体喷水

鉴于城市空气浮尘污染，古树的树体特别是在枝叶部位截留灰尘极多，不仅影响观赏效果，更会减少叶片对光照的吸收而影响光合作用。可采用喷水的方法加以清洗。此项措施因费工费水，一般只在重点区域采用。

⑦整形修剪

古树名木的整形修剪必须慎重。一般情况下，以基本保持原有树形为原则，尽量减少修剪量，避免增加伤口数。对病虫枝、枯弱枝、交叉重叠枝进行修剪时，应注意修剪手法，以疏剪为主，以利通风透光，减少病虫害滋生。必须进行更新、复壮修剪时，可适当短截，促发新枝。

⑧防治病虫害

古树衰老，容易招虫致病，加速死亡。应更加注意对病虫害的防治，如黄山迎客松有专人看护，来监视红蜘蛛的发生情况，一旦发现即做处理。北京天坛公园针对天牛是古柏的主要害虫，从天牛的生活史着手，抓住每年3月中旬左右天牛要从树内到树皮上产卵的时机，往古柏上打二二三乳剂，称之为"封树"。5月易发生蚜虫、红蜘蛛，要及时喷药加以控制。7月注意树上的害虫危害。

⑨设围栏、堆土、筑台

在人为活动频繁的立地环境中的古树，要设围栏进行保护。围栏一般要距树干3～4米，或在树冠的投影范围之外。处于人流密度大的树木，以及树木根系延伸较长者，对围栏外的地面也要做透气性的铺装处理。在古树干基堆土或筑台可起保护作用，也有防涝效果，砌台比堆土效果好，应在台边留孔排水，切忌围栏造成根部积水。

⑩立标志牌、设宣传栏

安装标志牌，标明树种、树龄、等级和编号，明确养护管理负责单位，设立宣传栏，介绍古树名木的重大意义与现状，可起到宣传教育和保护古树名木的作用。

3.古树名木复壮养护管理措施

古树名木的共同特点是树龄较高、树势衰老，自体生理机能下降，根系吸收水分、养分的能力和新根再生的能力下降，树木枝叶的生长速率也较缓慢，如遇不适的外部环境或剧烈变化，极易导致树体生长衰弱或死亡。所谓更新复壮是指运用科学合理的养护管理技术，使原本衰弱的树体重新恢复正常生长，延缓其生命的衰老进程。古树名木更新复壮技术的运用是有前提的，它只对那些虽说年老体衰，但仍在其生命极限之内的树体有效。采取的复壮措施主要如下。

（1）埋条促根

在古树根系范围内，填埋适量的树枝、熟土等有机材料，以改善土壤的通气性及肥力条件，主要有放射沟埋条法和长沟埋条法。前者的具体做法是在树冠投影外侧挖放射状沟4～12条，每条沟长120厘米左右，宽为40～70厘米，深为80厘米。沟内先垫放10厘米厚的松土，再把截成长40厘米枝段的苹果、海棠、紫穗槐等树枝缚成捆，平铺一层，每捆直径20厘米左右，上撒少量松土，每沟施麻酱渣1千克，尿素50克，为了补充磷肥可放少量动物骨头和贝壳等，覆土10厘米后放第二层树枝捆，最后覆土踏平。

如果树体间相距较远，可采用长沟埋条，沟宽70～80厘米、深80厘米、长200厘米左右，然后分层埋树条施肥，覆盖踏平。

（2）地面处理

地面处理一般采用根基土壤铺梯形砖、带孔石板或种植地被的方法，目的是改变土壤表面受人为践踏的情况，使土壤能与外界保持正常的水气交换。在铺梯形砖时，下层用沙衬垫，砖与砖之间不勾缝，留足透气通道。许多风景区采用带孔或有空花条纹的水泥砖或铺铁筛盖，如黄山玉屏楼景点，用此法处理"陪客松"的土壤表面，效果很好。采用栽植地被植物措施，对其下层土壤可做与上述埋条法相同的处理，并设围栏禁止游人践踏。

（3）换土

当古树名木的生长位置受到地形、生长空间等立地条件的限制而无法实施上述的复壮措施时，可考虑更新土壤的办法。如北京市故宫园林科，从2012年起开始用换土的方法抢救古树，使老树复壮。典型的范例有：皇极门内宁寿门外的一株古松，当时幼芽萎缩，叶片枯黄，好似被火烧焦一般，职工们在树冠投影范围内，对主根部位的土壤进行换土，挖土深0.5米（随时将暴露出来的根用浸湿的草袋盖上），以原来的旧土与沙土、腐叶土、锯末、粪肥、少量化肥混合均匀之后填埋其中，换土半年之后，这株古松重新长出新梢，地下部分长出2～3厘米的须根，复壮成功。

（4）挖复壮沟

复壮一般沟深80～100厘米、宽80～100厘米，长度和形状因地形而定。可以是直沟，也可以是半圆形或"U"字形沟。沟内放有复壮基质、各种树枝及增补的营养元素等。

复壮基质采用松、栎、榭的自然落叶，由60%腐熟的落叶加40%半腐熟的落叶混合，再加少量氮、磷、铁、锰等元素配制而成。这种基质含有丰富的多种矿质元素，pH值在7.1～7.8，富含胡敏素、胡敏酸和黄腐酸，可以促进古树根系生长。同时有机物逐年分解，与土粒胶合成团粒结构，从而改善了土壤的物理性状，促进微生物活动，将土壤中固定的多种元素逐年释放出来。施后3～5年内土壤有效孔隙度可保持在12%～15%。

埋入各种树木枝条使树与土壤形成大空隙。增施肥料，改善营养。以铁元素为主，施入少量氮、磷元素。硫酸亚铁使用剂量按长1米、宽0.8米复壮沟，施入0.1～0.2千克为准。为了提高肥效，一般掺施少量的麻酱渣或马掌而形成全肥，以更好地满足古树的需要。

复壮沟施工位置在古树树冠投影外侧，从地表往下纵向分层。表层为10厘米厚的素土，第二层为20厘米厚的复壮基质，第三层10厘米厚的为树木枝条，第四层又是20厘米厚的复壮基质，第五层是10厘米厚的树条，第六层为厚20厘米厚的粗沙和陶粒。

4.病虫害防治

病虫害是造成古树衰弱甚至死亡的主要因素之一。针对古树名木，防治措施如下。

（1）浇灌法

浇灌法利用内吸剂通过根系吸收、经过输导组织至全树而达到杀虫、杀螨等作用，解决古树病虫害防治经常遇到的分散、高大、立地条件复杂等情况而造成的喷药难（喷药次数、杀伤天数、污染空气）等问题。

方法：在树冠垂直投影边缘的根系分布区内挖3～5个深20厘米、宽50厘米、长60厘米的弧形沟，然后将药剂浇入沟内，待药液渗完后封土。

（2）埋施法

埋施法利用固体的内吸作用将杀虫剂、杀螨剂埋施根部，以达到杀虫、杀螨和长时间保持药效的目的。

方法：与浇灌法类似，将固体颗粒均匀撒在沟内，然后覆土浇足水。

（3）打针法

对于周围环境复杂、障碍物较多，而且吸收根区很难寻找的古树，利用其他方法很难解决防治问题时，可以通过打针法解决。此方法是通过向树体内注射内吸杀虫、杀螨药剂，药剂经过树木的输导组织至树木全身，从而达到较长时间的杀虫、杀螨目的。

方法：用手摇钻（或电钻）在树干基部各个方向钻不同数量的孔，孔径0.6厘米、深0.6厘米，与树干呈35度，然后注入药剂，注完后用湿泥封死孔口。

5.化学药剂疏花疏果

当植物缺乏营养或生长衰退时，会出现多花多果现象，这是植物在生长过程中的自我调节现象，但结果却能造成古树营养的进一步失调，后果严重。采用疏花疏果的方法可以降低古树的生殖生长，扩大营养生长，增加树势而达到复壮的目的。疏花疏果的关键是疏花，可以通过喷施化学试剂来达到目的，一般喷洒的时间以秋末、冬季或早春为好。

第二节　自然灾害及预防

一、低温危害

不论是生长期还是休眠期，低温都可能对树木造成伤害。低温既可伤害树木的地上或地下组织与器官，又可改变树木与土壤的正常关系，进而影响树木的生长与生存。

（一）低温危害的类型

1.冻害

冻害是树木在休眠期因受0℃以下低温，而使细胞、组织、器官受到伤害，甚至死亡的现象。也可以说，冻害是树木在休眠期因受0℃以下的低温，使树木组织内部结冰所引起的伤害。树木冻害依不同部位有下列一些具体表现。

花芽。花芽是抗寒力较弱的器官，花芽冻害多发生在春季回暖时期。腋花芽较顶花芽的抗寒力强。花芽受冻后，内部变褐色，初期从表面上只看到芽鳞松散，不易鉴别，到后期则芽不萌发，干缩枯死。

枝条。枝条的冻害与其成熟度有关。成熟的枝条，在休眠期以形成层最抗寒，皮层次之，而木质部、髓部最不抗寒。所以随受冻程度的加重，髓部、木质部先后变色，严重冻害时韧皮部才受伤，如果形成层变色，则枝条失去了恢复能力。但在生长期以形成层抗寒力最差。

幼树。过多徒长，枝条生长不充实，易受冻害。特别是成熟不良的先端对严寒较敏感，经常先发生冻害，轻者髓部变色，较重时枝条脱水干缩，严重时枝条可能冻死。多年生枝条发生冻害，常表现为树皮局部冻伤，受冻部分最初稍变色下陷，不易发现，如果用刀挑开，可发现皮部已变褐，逐渐干枯死亡，皮部裂开或脱落。但是如果形成层未受冻，则可逐渐恢复。

枝杈和基角。枝杈或主枝基角部分进入休眠较晚，位置比较隐蔽，输导组织发育不好，通过抗寒锻炼较迟。因此遇到低温或昼夜温差变化较大时，易引起冻害。枝杈冻害有各种表现，有的受冻后皮层和形成层变褐色，而后干枯凹陷。有的树皮成块状冻坏，有的顺主干垂直冻裂形成劈枝。主枝与树干的基角愈小，枝杈基角冻害也愈严重。这些表现依冻害的程度和树种、品种而有所不同。

树干。树干皮因受冻而开裂的现象一般称为"冻裂"现象，冻裂一般是由气温突然降至0℃以下，树干木材内外收缩不均引起的。冻裂多发生在树干向阳的一面，因为这一方向昼夜温差大。通常落叶树种较常绿树种易发生冻裂，一般孤立木和稀疏的林木比密植的林木冻裂严重，幼壮龄树比老年树冻裂严重。冻裂常造成树干纵裂，会给病虫的入侵制造机会，影响树木的健康生长。

根颈。在一年中根颈停止生长最迟，进入休眠期最晚，而开始活动和解除休眠又较早，因此在温度骤然下降的情况下，根颈未能很好地通过抗寒锻炼，同时近地表处温度变化剧烈，容易引起根颈的冻害。根颈受冻后，树皮先变色随后干枯，可发生在局部也可能成环状，根颈冻害对植株危害很大。

根系。根系无休眠期，所以根系较其地上部分耐寒力差。但根系在越冬时活动力明显减弱，故耐寒力较生长期略强。新栽的树或幼树因根系小又浅，易受冻害，而大树则相当抗寒。冻拔会影响树木扎根，导致树木倒伏死亡。冻拔指温度降至0℃以下，土壤结冰与根系连为一体，由于水在结冰时体积会变大，因此会使根系和土壤同时被抬高。化冻后，土壤与根系分离，土壤在重力作用下下沉，而根系则外露，看似被拔出，故称冻拔。树木越小，根系越浅，受害越严重。

2.干梢

干梢是指幼龄树木因越冬性不强，受低温、干旱的影响而发生枝条脱水、皱缩、干枯的现象。有些地方称为抽条、灼条、烧条等。受害枝条在冬季低温下即开始失水、皱缩。轻者可随着气温的升高而恢复生长，但会推迟发芽，而且虽然能发枝但易造成树形紊乱，不能更好地扩大树冠。重者可导致整个枝条干枯死亡。发生抽条的树木会影响树木的观赏和防护功能。干梢的发生一般不在严寒的1月，而多发生在气温回升、干燥多风、地温低的2月中下旬至3月中下旬左右。干梢的发生原因，有下列三点。

与树种有关：南方树种或是一些耐寒性差的树种移植到北方，由于不适应北方冬季寒冷干旱的气候，往往会发生干梢现象。

与枝条的成熟度有关：枝条组织生长得充实，则抗性强；枝条组织生长得不充实，则易发生干梢。幼树枝条往往会徒长，组织不充实，成熟度低，当低温出现时，枝条受冻后表现出自上至下脱水、干缩的现象。

由水分供应失调所致：初春气温升高，空气干燥度增大，枝条解除休眠早，水分蒸腾量猛增。而地温回升慢，温度低，土温过低导致根系吸水困难，消耗的水分量大于吸收的水分量，会造成树体内水分供应失调，发生较长时间的生理干旱而使枝条逐渐失水，表皮皱缩，严重时甚至干枯死亡。

3.霜冻

由于气温急剧下降至0℃或0℃以下，空气中的饱和水汽与树体表面接触，凝结成霜，使幼嫩组织或器官受害的现象，叫霜冻。

霜冻危害的表现：树木在休眠期抵抗低温的能力最强，而在解除休眠后短时间内的低温都可能造成伤害。在早秋及晚春寒潮入侵时，常会使气温骤然下降，形成霜冻。春季初展的芽很嫩，容易遭受霜冻，芽越膨大，受霜冻危害就越严重。气温突然下降至0℃以下，阔叶树的嫩叶片会萎蔫、变黑和死亡，针叶树的叶片会变红和脱落，这些是叶片受到霜冻危害的表现。当幼嫩的新叶被冻死以后，母枝的潜伏芽或不定芽会发出许多新叶，但若重复受冻，最终会因为贮藏的碳水化合物被耗尽而引起整株树木的死亡。植物花期受冻，较轻的霜冻可将雌蕊和花托冻死，但花朵可照常开放；稍重的霜冻可将雄蕊冻死，严重的霜冻会使花瓣受冻变枯脱落。幼果受霜冻较轻时幼胚变色，以后逐渐脱落；受霜冻较重时，则全果变色很快脱落。

霜冻危害一般发生在生长期内。霜冻可分为早霜和晚霜，秋末的霜冻称为早霜，春季的霜冻称为晚霜。

早霜危害的发生通常是因为当年夏季天气较为凉爽，而秋季天气又比较温暖，树木生长期推迟，树木的小枝和芽不能及时成熟。当霜冻来临时，导致一些木质化程度不高的组织或器官受伤。在正常年份，秋天异常寒潮的袭击也可导致严重的早霜危害，甚至使无数乔灌木死亡。南方树种引种到北方，以及秋季对树木施氮肥过多、尚未进入休眠的树木均易遭早霜危害。

晚霜危害是指在春季树木萌动以后，气温突然下降，而对树木造成的伤害。气温突然下降至0℃或更低，使刚长出的幼嫩部分受损。在北方，晚霜较早霜具有更大的危害性。因为从萌芽至开花期，抗寒力越来越弱，甚至极短暂的0℃以下温度也会给幼嫩组织带来致死的伤害。所以霜冻来临越晚，则受害越重。北方树木引种到南方，由于气候冷暖多变，春霜尚未结束，树木开始萌动，易遭晚霜危害。

树木在休眠期抵抗霜冻的能力最强，生殖生长阶段最弱，营养生长阶段居中。花比叶易受冻害，叶比茎对低温敏感。一般实生起源的树木比分生繁殖的树木抗霜冻的能力强。

（二）低温危害的预防措施

1.预防冻害的措施

（1）选择抗寒性强的树种

选择耐寒树种是避免冻害的最有效措施。在栽植前必须了解树种的抗寒性，要尽可能栽植在当地抗寒性较强的树种。在树种选择上，乡土树种由于长期适应当地气候，具有较强的抗寒性，是园林栽植的主要树种。外来引进的树种，要经过引种试验，证明其具有较强抗寒性后再推广。一些抗寒力一般的树种可以利用与抗寒力强的砧木进行高接，减轻树木的冻害。选择树种时，就同一个树种也应尽量选择抗寒性强的种源和品种。

（2）加强树体保护

为了降低冻害的危害，可以采取一些措施对树体进行保护。

搭风障。用草帘、帆布或塑料布等遮盖树木，防寒效果好，对于珍贵的园林树种可用此法。但此法成本较高，且影响观赏效果。

培土增温法。低矮的植物可以全株培土，较高大的可在根颈处培土或者西北面培半月形土埂。防寒土堆内不但温度较高，而且土壤湿润，因此能保护树木安全越冬。对于一些容易受冻的树种可采用此法。

灌水法。就是指每年灌"冻水"和浇"春水"来进行防寒。冻前灌水，特别是对常绿树周围的土壤灌水，保证冬季有足够的水分供应，对防止冻害非常有效。在北方地区大雪后可以将积雪堆在树坑里，这样可以阻止土壤上层冻结，而且春季融雪后，土壤能充分吸水，增加土壤的含水量。

其他树体保护措施。对于新栽植树和不太耐寒的树，可用草绳卷干或用稻草包裹枝干来防寒。为了防止土壤深层冻结并有利于根系吸水，可以采用腐叶土或泥炭藓、锯末等保温材料覆盖根区或树盘。

以上这些措施应该在冬季低温到来之前就做好准备，以免时间上来不及而造成冻害。

（3）加强养护管理，提高树体抗寒性

经验证明，春季加强肥水管理，合理运用排灌和施肥技术，可以促进新梢生长和叶片增大，提高光合效率，增加营养物质的积累，保证树体健壮。后期控制肥水，适量施用磷钾肥，勤锄深耕，可促使枝条成熟，有利于组织充实，从而能更好地进行抗寒锻炼。经验证明，正确的松土和施肥，不但可以增加根系量，而且还会促进根系深扎，有助于减少根部冻害。此外，夏季可以适期摘心，促进枝条成熟，冬季适量修剪，减少蒸腾面积，或采用人工落叶等措施，这些均对预防冻害有良好的效果。

（4）注意地形和栽培位置的选择

不同的地形造就了不同的小气候，可使气温相差3～5℃。一般而言，背风处温度相对较高，冻害危害较轻。风口处温度较低，树木受害较重。地势低的地方为寒流汇集地，受害程度重，反之受害轻。在栽植树木时，应根据城市地形特点和各树种的耐寒程度，有针对性地选择栽植位置。

2.预防干梢的措施

（1）使枝条成熟充实

主要是通过合理的肥水管理，促进枝条前期生长，防止后期徒长，促使枝条成熟，增强其抗性，这就是人们常说的"促前控后"的措施。

（2）加强秋冬养护管理

为了预防发生抽条，在秋冬季节会采取一些具体的预防措施。如秋季定植的不耐寒树种可采用埋土防寒的方法，即把苗木地上部分向北卧倒，然后培土防寒，这样既可以保湿减少蒸发，又可以防止冻伤。但植株较大者则不易卧倒，可以在树干西北面培一个半月形土埂（高60厘米），使南面充分接受阳光，提高地温。在树干的周围撒布马粪，也可增加土温，防止干梢。另外，在秋季对幼树枝干缠纸、缠塑料薄膜或喷胶膜、涂白等，对防止或减轻抽条的发生具有一定的作用。

3.预防霜冻的措施

（1）推迟萌动期，避免晚霜危害

人们利用生长调节剂或其他方法使树木萌动推迟，延长树木休眠期，可以躲避早春寒潮袭击所引起的霜冻。在萌芽前或秋末将乙烯利、青鲜素、萘乙酸钾盐等溶液喷洒在树上，可以抑制萌动。在早春灌返浆水，可以降低地温，推迟萌动。树体在萌芽后至开花前灌水2～3次，一般可延迟开花2～3天。树干涂白可使树木减少对太阳热能的吸收，使温度升高较慢，发芽可延迟2～3天。涂白剂各地配方不一，常用的配方是：水为10份、生石灰为3份、石硫合剂原液为0.5份、食盐为0.5份、油脂少许。

（2）改善树木生长的小气候条件

人工改善林地小气候，减少树体的温度变化，提高大气湿度，促进上下层空气对流，避免冷空气聚集，可以降低霜冻的危害。

喷水法。根据当地天气预报，在将要发生霜冻的凌晨，利用人工降雨和喷雾设备，向树冠喷水。因为水的温度比气温高，水洒在树冠的地表上可减少表面的辐射散热，水遇冷结冰还会释放热能，喷水能有效阻止温度的大幅度降低，减轻霜冻危害。

熏烟法。熏烟法是在林地人工放烟，通过烟幕减少地面辐射散热的方法。同时烟粒可以吸收湿气，使水汽凝结成水滴，放出热量，从而提高温度，保护林木免受霜冻危害。熏烟一般在晴朗的下半夜进行，根据当地的天气预报，事先每隔一定距离设置发烟堆（秸秆、谷壳、锯末、树叶等），在3～6时点火放烟。该法的优点是简便、易行、有效。缺点是在风大或极限低温低于-3℃时，效果不明显。同时放烟本身会污染环境，在中心城区不宜用此法。

加热法。加热法是现代防霜先进而有效的方法。在林中每隔一定距离放置一个加热器，在霜冻将要来临时通电加温，使下层空气变暖而上升，上层原来温度比较高的空气下降，在园地周围形成一个暖气层。以园中放置加热器数量多，而每个加热器放出热量小为好。这样既可起到防霜作用，又不会产生太多的浪费。加热法适用于大面积的园林，面积太小时，微风即可将暖气吹走。

遮盖法。在南方对于珍贵树种的幼苗，为了防霜冻多采用遮盖法。用蒿草、芦苇、布等覆盖树冠，既可保温，起到阻挡外来寒流袭击的作用，又可保留散发的湿气，增加湿度。缺点是需要的人力和物力较多，所以只有对于珍贵的幼树才采用此法。

吹风法。利用大型吹风机增加空气流动，将冷空气吹散，可以起到防霜效果。在林地中隔一定距离放一个旋风机，在霜冻前开动，可起到一定的效果。

二、高温危害

树木在异常高温的影响下，会生长减缓甚至受到伤害。以仲夏和初秋最为常见，它实际上是由于树木在太阳强烈照射下所发生的一种热害。

（一）高温危害的表现

叶焦，是指叶片烧焦变褐的现象。由于叶片在强烈光照下受到高温影响，叶脉之间或叶缘变成浅褐色或深褐色的星散分布的区域，其边缘很不规则。当多数叶片表现出相似的症状，叶片褪色时，整个树冠表现出一种灼伤的干枯景象。

干皮烧，是指由于树木受强烈的太阳辐射，局部温度过高发生的皮烧现象。温度过高，引起细胞原生质凝固，破坏其新陈代谢，使形成层和树皮组织局部死亡。树木干皮烧与树木的种类、年龄及其位置有关，多发生在树皮光滑的薄皮成年树上，特别是耐阴树种，树皮呈斑状死亡或片状脱落。干皮烧给病菌侵入创造了有利条件，从而影响了树木的生长发育。严重时，树叶干枯、凋落，甚至会造成植株死亡。

根颈烧，是指由于太阳的强烈照射，土堆表面温度增高，灼伤幼苗根颈的现象。夏季太阳辐射强烈，过高的地表温度会伤害幼苗或幼树的根颈形成层，即在根颈处造成一个宽几毫米的环带。环带里的输导组织和形成层被灼伤死亡，影响树体发育，直至死亡。

（二）高温危害的预防措施

选择抗性强、耐高温的树种或品种栽植。园林树木的种类不同，抗高温能力也不相同。一般原产于热带的园林树木耐热能力远强于原产于温带和寒带的园林树木。

栽植、移栽前对树木加强抗性锻炼。对原产于寒带、温带的园林树木，在温暖地区引种时要进行抗性锻炼。如逐步疏开树冠和遮蔽的树，以便使其适应新的环境。

保持移栽植株较完整的根系。移栽时尽量保留比较完整的根系，使土壤与根系密接，以便顺利吸水。因为如果根系吸收的水分不能弥补蒸腾的损耗，将会加剧高温危害。

树干涂白。涂白可以反射阳光，缓和树皮温度的剧变，对减轻干皮烧有明显的作用。涂白多在秋末冬初进行，也有的地区在夏季进行。涂白剂的配方为：水为72%，生石灰为22%，石硫合剂和食盐各3%，将其均匀混合即可涂刷。

树干缚草、涂泥及培土等也可防止高温危害。

加强树冠的科学管理。在整形修剪中，可适当降低主干高度，多留辅养枝，避免枝、干的光秃和裸露。在去头或重剪的情况下，应分2～3年进行，避免一次透光太多。在需要提高主干高度时，应有计划地保留一些弱小枝条进行自我遮阴，以后再分批修剪。必要时还可给树冠喷水或喷抗蒸腾剂。

三、雷击危害

雷击危害指雷对园林植物造成的机械伤害。全国每年有数百棵园林植物会遭受到雷击的伤害。树木遭受雷击的数量、类型和程度差异极大。其不但受负荷电压大小的影响，而且还与树种及其含水量有关。如树体高大、在空旷地孤立生长的树木，生长在湿润土壤或沿水体附近生长的树木最易遭受雷击。在乔木树种中，有些树木，如水青冈、桦木和七叶树，几乎不遭雷击，而银杏、白蜡、皂荚、榆、槭、栎、松、云杉等较易遭雷击。树木对雷击敏感性差异很大的原因尚不太清楚，但大部分人认为与树木的组织结构及其内含物有关。如水青冈和桦木等油脂含量高，是电的不良导体，而白蜡、槭树和栎树等淀粉含量高，是电的良导体，因此较易遭受雷击。

（一）雷击危害的表现

杆枝劈裂。出现闪电时，闪道中因高温使水滴汽化，空气体积迅速膨胀而发生的强烈爆炸声即为雷。这种爆炸效应会造成树干或主枝折断或劈裂，木质部可能完全破碎或烧毁，树皮可能被烧伤或剥落，对树木造成伤害。

枝叶烧焦。雷电打在园林植物上就像电线短路了，因为木材的电阻比空气小多了，在瞬间释放大量电势能并转化成内能，园林植物的温度瞬间升高几百摄氏度，使枝叶烧焦受害。

（二）雷击危害的预防措施

生长在易遭雷击位置的树木和高大珍稀古树及具有特殊价值的树木，应安装避雷器，预防雷击伤害。

树木安装避雷器的原理与其他高大建筑物安装避雷器的原理相同。主要差别在于所使用的材料、类型与安装方法。安装在树上的避雷器必须用柔韧的电缆，并应考虑树干与枝条的摇摆和随树木生长的可调性。垂直导体应沿树干用铜钉固定。导线接地端应连接在几个辐射排列的导体上。这些导体水平埋置在地下，并延伸到根区以外，再分别连接在垂直打入地下长约2.4米的地线杆上。以后每隔几年检查一次避雷系统，并将上端延伸至新梢以上。

四、风害

在多风地区，大风使树木偏冠、偏心或出现风折、风倒和树杈劈裂的现象被称为风害。偏冠给整形修剪带来困难，影响树木生态效益。偏心的树木易遭冻害和高温危害。北方冬季和早春的大风，易使树木枝梢干枯死亡。

（一）风害的表现

风倒，指因大风造成树木严重倾斜后，露根到底的现象。在沿海地区，夏季常遭受台风的袭击，容易造成风倒。

枝断，指因大风枝条剧烈摆动而造成枝干木质部、韧皮部劈裂、折断的现象。

（二）风害的预防措施

选择抗风性强的树种。为提高树木抵御自然灾害的能力，在种植设计时应根据不同的地域，因地制宜地选择或引进各种抗风性强的树种。尤其要注意在风口、过道等易遭风害的地方应选择深根性、抗风性强的树种，株行距要适度，采用低干矮冠整形。

合理的整形修剪。合理的整形修剪可以调整树木的生长发育，保持优美的树姿，做到树形、树冠不偏斜，冠幅体量不过大，叶幕层不过高和避免"V"形杈的形成。

树体的支撑加固。在易受风害的地方，特别是在台风和强热带风暴来临前，在树木的背风面用竹竿、钢管、水泥柱等支撑物进行支撑，用铁丝、绳索扎缚固定。

促进树木根系生长。在养护管理措施上促进根系生长，包括改良土壤、大穴栽植、适当深栽等措施。

设置防风林带。防风林带既能防风，又能防冻，是保护林木免受风害的有效的措施。

五、雾凇

雾凇是过冷却雨滴在温度低于0℃的物体上冻结而成的坚硬冰层，多形成于园林植物的迎风面上。

（一）雾凇危害的表现

雾凇。由于冰层不断地冻结加厚，常压断树枝，对园林植物造成严重的破坏。

冰挂。树木因雾凇导致极冷的水滴同物体接触而形成冰层，或在低于冰点的情况下，雨落在物体上形成冰层，常称作"冰挂"。

冰倒。树木因雾凇导致冰层不断冻结加厚，最终造成树体倾斜倒地的现象。

（二）雾凇危害的预防措施

采取人工落冰措施。用竹竿打击枝叶上的冰、设立支柱支撑等措施都可减轻雾凇危害。

第三节　市政工程、酸雨、天然气、融雪剂对树木的危害及预防

一、市政工程对树木的危害及预防

（一）地面铺装对树木生长的危害及预防

1.危害

地面铺装影响土壤水分渗入，导致城市园林树木水分代谢失衡。地面铺装使自然降水很难渗入土壤中，大部分排入下水道，以致自然降水量无法充分供给园林树木，满足其生长需要。地下水位的逐年降低，使根系吸收地下水的量也不足。城市园林树木水分平衡经常处于负值，进而表现出生长不良、早期落叶，甚至死亡的现象。

地面铺装影响植物根系的呼吸，影响园林树木的生长。城市土壤由于路面和铺装的封闭阻碍了气体交换。植物根系是靠土壤氧气进行呼吸作用产生能量来维持生理活动的。由于土壤氧气供应不足，根呼吸作用减弱，对根系生长产生不良影响。这样就破坏了植物地上和地下的平衡，会减缓树木生长。

地面铺装改变了下垫面的性质。地面铺装加大了地表及近地层的温度变幅，使植物的表层根系易遭受高温或低温的伤害。一般园林树木受伤害程度与材料有关，比热小、颜色浅的材料导热率高，园林树木受害较重。相反，比热大、颜色深的材料导热率低，园林植物受害相对较轻。

近树基的地面铺装会导致干基环割。随着树木干径的生长增粗，树基会逐渐逼近铺装，如果铺装材料质地脆而薄，会导致铺装圈的破碎、错位和突起，甚至会破坏路牙和挡墙。如果铺装材料质地厚实，则会导致树干基部或根颈处皮部和形成层的割伤。这样会影响园林植物的生长，严重时输导组织会彻底失去输送养分的功能而最终导致园林树木的死亡。

2.预防措施

一是树种的选择。选择较耐土壤密实和对土壤通气要求较低及抗旱性强的树种。较耐土壤密实和对土壤通气要求较低的树种有国槐、绒毛白蜡、栾树等，在地面铺装的条件下较能适应生存。不耐密实和对土壤通气要求较高的树种，如云杉、白皮松、油松等则适应能力较低，不适宜在地面铺装的条件下栽植。

二是采用透气的步道铺装方式。目前应用较多的透气铺装方式是采用上宽、下窄的倒梯形水泥砖铺设人行道。铺装后砖与砖之间不加勾缝，下面形成纵横交错的三角形孔隙，以利于通气。另外在人行道上采用水泥砖间隔留空铺砌，空当处填砌不加沙的砾石混凝土的方法，也有较好的效果。也可以将砾石、卵石、树皮、木屑等铺设在行道树周围，在上面盖有艺术效果的圆形铁艺保护盖，既对园林植物生长有益，又较美观。

三是铺装材料改进成透气性铺装，促进土壤与大气的气体交换。透气性铺装具有与外部空气及下部透水垫层相连通的孔隙构造，其上的降水可以通过与下垫层相通的渗水路径渗入下部土壤，对于地下水资源的补充具有重要作用。透水性铺装既兼顾了人类活动对于硬化地面的使用要求，又能减轻城市硬化地面对大自然的破坏程度。

（二）侵入体对树木生长的危害及预防

1.危害

土壤侵入体来源于多方面，有的是战争或地震引起的房屋倒塌，有的是因为老城区的变迁，有的是因为市政工程，有的是因为兴修各种工程、建筑或填挖方等，以上这些都可能产生土壤侵入体。有的土壤侵入体对树木有利无害，如少量的砖头、石块、瓦砾、木块等，但数量要适度，这种侵入体太多会致使土壤量减少，影响树木的生长。而有的土壤侵入体对树木生长非常有害，如被埋在土壤里面的大石块、老路面、经人工夯实过的老地基及建筑垃圾等，所有这些都会对种植在其土壤上面的树木生长不利，有的阻碍树木根系的伸展和生长，有的影响渗水与排水。下雨或灌水太多时会造成土壤积水，影响土壤通气，致使树木生长不良，甚至死亡。有的如石灰、水泥等建筑垃圾本身对树木生长就有伤害作用，轻者使树木生长不良，重者使树木很快致死。

2.防治措施

将大的石块、建筑垃圾等有害物质清除，并换入好土。将老路面和老地基打穿并清除，彻底解决根系生长空间与排水的问题。

（三）土壤紧实度对树木生长的危害及预防

1.危害

人为的践踏、车辆的碾压、市政工程和建筑施工时地基的夯实及低洼地长期积水等均是土壤紧实度增加的原因。在城市绿地中，由于人流的践踏和车辆的碾压等使土壤紧实度增加的现象是经常发生的，但机械组成不同的土壤压缩性也各异。在一定的外界压力下，粒径越小的颗粒组成的土壤体积变化越大，因而通气孔隙减少也越多。一般砾石受压时几乎无变化，沙性强的土壤变化很小，壤土变化较大，变化最大的是黏土。土壤受压后，通气孔隙度减少，土壤密实板结，园林树木的根系生长畸形，并因得不到足够的氧气而使根系霉烂，长势衰弱，以致死亡。

2.预防措施

第一，做好绿地规划，合理开辟道路。很好地组织人流，使游人不乱穿行，以免践踏绿地。

第二，做好维护工作。在人们易穿行的地段，贴出告示或示意图，引导行人的走向。也可以做栅栏将树木围护起来，以免人流踩压。

第三，耕翻。将压实地段的土壤用机械或人工进行耕翻，将土壤疏松。耕翻的深度根据压实的原因和程度决定，通常因人为的践踏使土壤紧实度增高的，压得不太坚实，耕翻的深度较小。夯实和车辆碾压使土壤非常坚实，耕翻的深度要大。根据耕翻进行的时间又分为春耕、夏耕和秋耕。还可在翻耕时适当加入有机肥，既可增加土壤松软度，还能为土壤微生物提供食物，增加土壤肥力。

第四，低洼地填平改土后再进行栽植。

二、酸雨对树木的危害及预防

酸雨是空气污染的另一种表现形式，通常将pH值小于5.6的雨雪或其他方式形成的大气降水（如雾、露、霜等）统称为酸雨。

酸雨的成因是一种复杂的大气化学和大气物理现象。酸雨中含有多种无机酸和有机酸，绝大部分是硫酸和硝酸。工业生产、民用生活燃烧煤炭排放出来的二氧化硫，燃烧石油以及汽车尾气排放出来的氮氧化物，经过"云内成雨过程"，即水汽凝结在硫酸根、硝酸根等凝结核上，发生液相氧化反应，形成硫酸雨滴和硝酸雨滴。又经过"云下冲刷过程"，即含酸雨滴在下降过程中不断合并，吸附、冲刷其他含酸雨滴和含酸气体，形成较大的雨滴，最后降落在地面上，形成了酸雨。

（一）酸雨的危害

1.酸雨对园林树木的直接危害

植物对酸雨反应最敏感的器官是叶片，叶片通常会出现失绿、坏死斑、失水萎蔫和过早脱落的症状。其症状与其他大气污染症状相比，伤斑小而分散，很少出现连成片的大块伤斑。多数坏死斑出现在叶上部和叶缘。由于叶部出现失绿、坏死的症状减少了叶部叶绿素的含量和光合作用的面积，影响了光合作用的效率。受酸雨危害的园林树木生理活性下降，长势较弱，抗病虫害能力减弱，导致树木生长缓慢或死亡。

2.酸雨导致土壤酸化，间接伤害园林树木

酸雨能使土壤酸化，当酸性雨水降到地面而得不到中和时，就会使土壤酸化。首先，酸雨中过量氢离子的持久输入使土壤中的营养元素（钙、镁、钾、锰等）大量转入土壤溶液并遭淋失，使土壤贫瘠，致使园林植物生长受害。其次，土壤微生物尤其是固氮菌，只生存在碱性条件下，而酸化的土壤影响与破坏土壤微生物的数量和群落结构，造成枯枝落叶和土壤有机质分解缓慢，养分和碱性阴离子返回到土壤有机质表面的过程也变得迟缓，导致生长在这里的植物逐步退化。

（二）酸雨危害的预防措施

第一，使用低硫燃料。采用含硫量低的煤和燃油作燃料是减少 SO_2 污染最简单的方法。据有关资料介绍，原煤经过清洗之后，SO_2 排放量可减少30% ~ 50%，灰分去除约20%。改烧固硫型煤、低硫油，或以煤气、天然气代替原煤，也是减少硫排放的有效途径。政府部门应控制高硫煤的开采、运输、销售和使用，减少环境污染。

第二，调整能源结构。增加无污染或少污染的能源比例，发展太阳能、核能、水能、风能、地热能等不产生酸雨污染的能源。

第三，支持公共交通，减少尾气排放。减少车辆就可以减少汽车尾气排放，降低空气污染，汽车尾气中含有大量的一氧化碳、氮氧化物和碳氢化合物等污染气体。

第四，生物防治。在酸雨的防治过程中，生物防治可作为一种辅助手段。在污染重的地区可栽种一些对二氧化硫有吸收能力的植物，如山楂、洋槐、云杉、桃树、侧柏等。

三、天然气对树木的危害及预防

现在很多城市已经开始大规模地使用天然气，地下都埋有天然气管道。但由于不合理的管道结构，不良的管道材料，震动导致的管道破裂、管道接头松动等不同原因都会导致管道天然气泄漏，对园林树木造成伤害。

（一）天然气危害

天然气中的成分主要是甲烷，泄漏的甲烷被土壤中的某些细菌氧化变成二氧化碳和水。天然气发生泄露，会使土壤中的通气条件进一步恶化，二氧化碳浓度增加，氧的含量下降，影响植物生存。在天然气轻微泄漏的地方，植物受害轻，表现为叶片逐渐发黄或脱落，枝梢逐渐枯死。在天然气大量或突然严重泄漏的地方，植物受害重，一夜之间几乎所有的叶片全部变黄，枝条枯死。如果不及时采取措施解除天然气的泄漏，其危害就会扩展到树干，并使树皮变松，真菌侵入，加重危害症状。

（二）天然气危害的防治

第一，立即修好渗漏的地方。

第二，如果发现天然气渗漏对园林树木造成的伤害不太严重，在离渗漏点最近的树木一侧挖沟，尽快换掉被污染的土壤。也可以用空气压缩机以700～1000千帕的压强将空气压入0.6～1.0米土层内，持续1小时即可收到良好的效果。

第二，在危害严重的地方，要按50～60厘米距离打许多垂直的透气孔，以保持土壤通气。

第四，给树木灌水有助于冲走有毒物质。

第五，合理的修剪、科学的施肥对于减轻天然气的伤害都有一定的作用。

四、融雪剂对树木的危害及预防

在北方地区，冬季常常会下雪。在路上的积雪被碾压结冰后会影响交通的安全，所以常常用融雪剂来促进冰雪融化。我们目前普遍使用的融雪剂主要成分仍然是氯盐，包括氯化钠（食盐）、氯化钙、氯化镁等。冰雪融化后的盐水无论是溅到树的木干、枝、叶上，还是渗入土壤侵入根系，都会对树木造成伤害。

（一）融雪剂的危害

城市园林树木受盐水伤害后，表现为春天萌动晚、发芽迟、叶片变小，叶缘并叶片有枯斑，黑棕色，严重时叶片干枯脱落。秋季落叶早、枯梢，甚至整枝或整株死亡。

盐水会对树木根系的吸水产生影响，盐分能阻碍水分从土壤中向根内渗透，并破坏原生质吸附离子的能力，引起原生质脱水，使树木失水、萎蔫。氯化钠的积累还会削弱氨基酸和碳水化合物的代谢作用，阻碍根部对钙、镁、磷等基本养分的吸收，树木往往要经过多年缓解才能恢复生长势。盐水会破坏土壤结构，造成土壤板结、通气不良、水分缺少，影响园林树木生长。

（二）融雪剂的危害预防

第一，选用耐盐植物。植物的耐盐能力因不同树种、树龄大小、树势强弱、土壤质地和含水率的不同而不同，一般来说，落叶树耐盐能力强于针叶树，当土壤中含盐量达0.3%时，落叶树才会被引起伤害，而土壤中含盐量达到0.2%时，就可引起针叶树伤害。大树的耐盐能力强于幼树，浅根性树种对盐的敏感性高于深根性树种。在土壤盐分种类和含盐量相同情况下，若土壤水分充足，则土壤溶液浓度小，另外土壤质地疏松，通气性好，则树木根系发达，也能相对减轻盐对树木的危害。

第二，控制融雪剂的用量。由于园林树木吸收盐量中仅一部分随落叶转移，多数贮存于树体内，次年春天才会随蒸腾流重新被输送到叶片。植物这种对盐分贮存的特性更容易使植物受到盐的伤害。因此要严格控制融雪剂的用量。一般15～25克/平方米就足够了，喷洒也不能超越行车道的范围。

第三，采取措施让融雪剂尽量不要与植物接触。要及时消除融化雪水，将融化过冰雪的盐连同雪一起运走，远离树木。树池周围筑高出地面的围堰，以免融雪剂溶液流入。融化的盐水会通过路牙缝隙渗透到植物的根区土壤而引起伤害，所以将路牙缝隙封严以阻止植物受害。

第四，增施硝态氮、钾、磷等肥料，可以减少植物对氯化钠的吸收。增加灌水量可以把盐分淋溶到根系以下更深的土层中而减轻对植物的危害。

第五，开发环保的融雪剂。开发无毒的氯盐替代物，使其既能融解冰和雪，又不会伤害园林植物。

参考文献

[1] 王希亮，徐国锋.现代园林绿化设计、施工与养护[M].2版.北京：中国建筑工业出版社，2022.

[2] 段晓鹃，张巾爽.园林工程计量与计价[M].重庆：重庆大学出版社，2022.

[3] 徐文辉.城市园林绿地系列规划[M].4版.武汉：华中科技大学出版社，2022.

[4] 张君艳，黄红艳.园林植物栽培与养护[M].5版.重庆：重庆大学出版社，2022.

[5] 吉文丽，吉鑫淼.园林树木[M].北京：北京理工大学出版社，2022.

[6] 王希亮，李端杰，徐国锋.现代园林绿化设计、施工与养护[M].2版.北京：中国建筑工业出版社，2022.

[7] 成海钟.园林植物栽培养护[M].2版.北京：高等教育出版社，2022.

[8] 刘洪景.园林绿化养护管理学[M].武汉：华中科技大学出版社，2021.

[9] 宋新红，潘天阳，崔素娟.园林景观施工与养护管理[M].汕头：汕头大学出版社，2021.

[10] 董亚楠.园林工程从新手到高手园林植物养护[M].北京：机械工业出版社，2021.

[11] 曹丹丹.园林设计与施工手册[M].北京：北京希望电子出版社，2021.

[12] 王晓宁，董鹏.园林景观工程质量通病及防治[M].北京：中国建筑工业出版社，2021.

[13] 李本鑫，史春凤，杨杰峰.园林工程施工技术[M].3版.重庆：重庆大学出版社，2021.

[14] 赖松江.园林绿化养护与管理从入门到精通[M].北京：化学工业出版社，2020.

[15] 张学礼.园林景观施工技术及团队管理[M].北京：中国纺织出版社，2020.

[16] 陈丽，张辛阳.风景园林工程[M].武汉：华中科技大学出版社，2020.

[17] 陆娟，赖茜.景观设计与园林规划[M].延吉：延边大学出版社，2020.

[18] 谢佐桂，徐艳，谭一凡.园林绿化灌木应用技术指引[M].广州：广东科技出版社，2019.

[19] 郭军霞.园林绿化与施工技术[M].长春：吉林教育出版社，2019.

[20] 王宜森，刘殿华，刘雁丽.园林绿化工程管理[M].南京：东南大学出版社，2019.

[21] 乔建国.园林绿化管护实用手册[M].河北科学技术出版社，2019.

[22] 王冰，张婉.园林绿化养护管理[M].开封：河南大学出版社，2019.

[23] 简志超.人文园林生态绿化[M].长春：吉林文史出版社，2019.

[24] 张志明. 园林园艺绿化与生态环境保护 [M]. 北京：中国商务出版社，2019.

[25] 袁惠燕，王波，刘婷. 园林植物栽培养护 [M]. 苏州：苏州大学出版社，2019.

[26] 吕明华，赵海耀，王云江. 园林工程 [M]. 北京：中国建材工业出版社，2019.